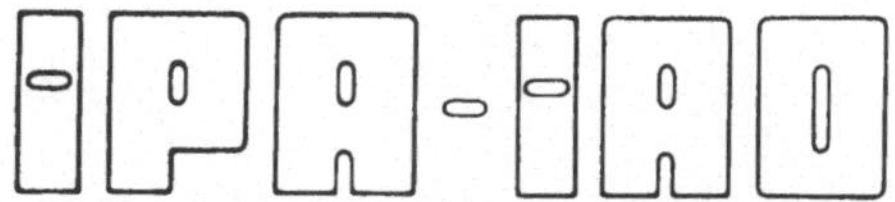

Forschung und Praxis

Band 201

Berichte aus dem
Fraunhofer-Institut für Produktionstechnik
und Automatisierung (IPA), Stuttgart,
Fraunhofer-Institut für Arbeitswirtschaft
und Organisation (IAO), Stuttgart,
Institut für Industrielle Fertigung und
Fabrikbetrieb der Universität Stuttgart und
Institut für Arbeitswissenschaft und
Technologiemanagement, Universität Stuttgart

Herausgeber: H. J. Warnecke und H.-J. Bullinger

Peter Schlaich

Verfahrensprüfstand für das Bearbeiten mit Industrierobotern

Mit 60 Abbildungen

Springer-Verlag
Berlin Heidelberg New York
London Paris Tokyo
Hong Kong Barcelona
Budapest 1994

Dipl.-Ing. Peter Schlaich

Fraunhofer-Institut für Produktionstechnik und Automatisierung (IPA), Stuttgart

Prof. Dr.-Ing. Dr. h. c. Dr.-Ing. E. h. H. J. Warnecke

o. Professor an der Universität Stuttgart

Fraunhofer-Institut für Produktionstechnik und Automatisierung (IPA), Stuttgart

Prof. Dr.-Ing. habil. Dr. h. c. H.-J. Bullinger

o. Professor an der Universität Stuttgart

Fraunhofer-Institut für Arbeitswirtschaft und Organisation (IAO), Stuttgart

D 93

ISBN-13: 978-3-540-58510-7   e-ISBN-13: 978-3-642-47959-5

DOI: 10.1007/978-3-642-47959-5

Gesamtherstellung: Copydruck GmbH, Heimsheim
SPIN 10482628   62/3020-6 5 4 3 2 1 0

Geleitwort der Herausgeber

Über den Erfolg und das Bestehen von Unternehmen in einer markt-
wirtschaftlichen Ordnung entscheidet letztendlich der Absatzmarkt.
Das bedeutet, möglichst frühzeitig absatzmarktorientierte Anforderungen sowie deren Veränderungen zu erkennen und darauf zu reagieren.

Neue Technologien und Werkstoffe ermöglichen neue Produkte und er-
öffnen neue Märkte. Die neuen Produktions- und Informationstechno-
logien verwandeln signifikant und nachhaltig unsere industrielle
Arbeitswelt. Politische und gesellschaftliche Veränderungen signa-
lisieren und begleiten dabei einen Wertewandel, der auch in unse-
ren Industriebetrieben deutlichen Niederschlag findet.

Die Aufgaben des Produktionsmanagements sind vielfältiger und an-
spruchsvoller geworden. Die Integration des europäischen Marktes,
die Globalisierung vieler Industrien, die zunehmende Innovations-
geschwindigkeit, die Entwicklung zur Freizeitgesellschaft und die
übergreifenden ökologischen und sozialen Probleme, zu deren Lösung
die Wirtschaft ihren Beitrag leisten muß, erfordern von den Füh-
rungskräften erweiterte Perspektiven und Antworten, die über den
Fokus traditionellen Produktionsmanagements deutlich hinausgehen.

Neue Formen der Arbeitsorganisation im indirekten und direkten
Bereich sind heute schon feste Bestandteile innovativer Unternehmen. Die Entkopplung der Arbeitszeit von der Betriebszeit, integrierte Planungsansätze sowie der Aufbau dezentraler Strukturen
sind nur einige der Konzepte, die die aktuellen Entwicklungsrich-
tungen kennzeichnen. Erfreulich ist der Trend, immer mehr den Men-
schen in den Mittelpunkt der Arbeitsgestaltung zu stellen - die
traditionell eher technokratisch akzentuierten Ansätze weichen einer stärkeren Human- und Organisationsorientierung. Qualifizie-
rungsprogramme, Training und andere Formen der Mitarbeiterent-
wicklung gewinnen als Differenzierungsmerkmal und als Zukunftsin-
vestition in *Human Recources* an strategischer Bedeutung.

Von wissenschaftlicher Seite muß dieses Bemühen durch die Entwicklung von Methoden und Vorgehensweisen zur systematischen
Analyse und Verbesserung des Systems Produktionsbetrieb ein-
schließlich der erforderlichen Dienstleistungsfunktionen unterstützt werden. Die Ingenieure sind hier gefordert, in enger Zusam-
menarbeit mit anderen Disziplinen, z.B. der Informatik, der Wirt-
schaftswissenschaften und der Arbeitswissenschaft, Lösungen zu erarbeiten, die den veränderten Randbedingungen Rechnung tragen.

Die von den Herausgebern geleiteten Institute, das

- Institut für Industrielle Fertigung und Fabrikbetrieb der
  Universität Stuttgart (IFF),

- Institut für Arbeitswissenschaft und Technologiemanagement (IAT)

- Fraunhofer-Institut für Produktionstechnik und Automatisierung
  (IPA),

- Fraunhofer-Institut für Arbeitswirtschaft und Organisation (IAO)

arbeiten in grundlegender und angewandter Forschung intensiv an
den oben aufgezeigten Entwicklungen mit. Die Ausstattung der
Labors und die Qualifikation der Mitarbeiter haben bereits in der
Vergangenheit zu Forschungsergebnissen geführt, die für die Praxis
von großem Wert waren. Zur Umsetzung gewonnener Erkenntnisse wird
die Schriftenreihe "IPA-IAO - Forschung und Praxis" herausgegeben.
Der vorliegende Band setzt diese Reihe fort. Eine Übersicht über
bisher erschienene Titel wird am Schluß dieses Buches gegeben.

Dem Verfasser sei für die geleistete Arbeit gedankt, dem Springer-
Verlag für die Aufnahme dieser Schriftenreihe in seine Angebots-
palette und der Druckerei für saubere und zügige Ausführung. Möge
das Buch von der Fachwelt gut aufgenommen werden.

                          H.J. Warnecke   H.-J. Bullinger

Vorwort

Die vorliegende Arbeit entstand während meiner Tätigkeit als wissenschaftlicher Mitarbeiter am Fraunhoferinstitut für Produktionstechnik und Automatisierung (IPA) in Stuttgart.

Mein besonderer Dank gilt Herrn Prof. Dr.h.c.mult. Dr.-Ing. H.-J. Warnecke für die großzügige Unterstützung und Förderung, die entscheidend zur erfolgreichen Durchführung dieser Arbeit beigetragen haben.

Herrn Prof. Dr.-Ing. G. Pritschow danke ich für die Übernahme des Mitberichts und für die vielen wertvollen Hinweise, die sich daraus ergaben.

Aus dem großen Kreis der Kollegen bzw. ehemaligen Kollegen des Instituts, die mich durch ihre Mitarbeit und anregende Kritik unterstützt haben, möchte ich die Herren Dr.-Ing. G. Schlaich, Herrn Barth, Herrn Gerber, Dr.-Ing. B. Frankenhauser, Dipl.-Ing. M. Höpf, Dr.-Ing. H. Emmerich, Dr.-Ing. M. Schweizer sowie Prof. Dr.-Ing. R.-D. Schraft besonders erwähnen.

Ein besonderer Dank gilt meiner Frau, die mir während der Durchführung der Arbeit stets verständnisvoll und motivierend zur Seite stand.

Leonberg, im Juli 1994   Peter Schlaich

Inhaltsverzeichnis

Seite

Zusammenfassung der Dissertationsarbeit
"Verfahrensprüfstand für das Bearbeiten mit Industrierobotern"

Der Industrieroboter wird heute für vielfältige Bearbeitungsaufgaben wie dem Entgraten, Gußputzen oder der Oberflächenbearbeitung eingesetzt. Verglichen mit anderen Applikationen, wie etwa dem Schweißen oder der Montage, ist die Gesamtanzahl an erfolgreichen Applikationen jedoch relativ gering. Durch eine Anwenderbefragung wird gezeigt, daß die Ursachen hierfür weniger in der fehlenden Verfügbarkeit technischer Lösungen liegen, sondern vielmehr in der aufwendigen Programmerstellung und insbesondere in einer langwierigen Inbetriebnahmephase. Die Dauer der Inbetriebnahmephase wird primär durch unzureichende Bearbeitungsergebnisse verursacht und ist auf falsch gewählte Zerspanparameter oder ungeeignete Bearbeitungsverfahren zurückzuführen. Aufgabe des entwickelten Verfahrensprüfstandes ist es daher, den Anwender bei der Verfahrensauswahl und Verfahrensoptimierung praxisgerecht zu unterstützen.

Zunächst werden Qualitätskriterien entwickelt, welche die Bearbeitungsverfahren selbst, als auch das Bearbeitungsergebnis objektiv bewertbar machen. Durch diese Qualitätskriterien ist es möglich, konkurrierende Bearbeitungsverfahren vergleichend zu bewerten und so den Anwender bei der Verfahrensauswahl zu unterstützen.

Die Konzeption des Verfahrensprüfstandes ist so ausgelegt, daß durch einen automatisierten Versuchsablauf ohne Bedienereingriff zeitintensive Zerspanversuche durchführbar sind. Somit können einerseits Zerspandatenbanken erstellt werden, um eine Übertragbarkeit auf ähnliche Applikationen zu ermöglichen. Andererseits kann ein Bearbeitungsverfahren über eine Optimierungsstrategie zielgerichtet hinsichtlich des Bearbeitungsergebnisses optimiert werden.

Die praktische Anwendung des Verfahrensprüfstands wird anhand einer Aufgabenstellung aus der Schmuckbranche gezeigt. Zum Schleifen von Goldringrohlingen wird die Verfahrensauswahl und -optimierung exemplarisch durchgeführt. Hierbei werden die Vorteile des Prüfstandes gegenüber der konventionellen Verfahrensentwicklung aufgezeigt.

0   <u>ABKÜRZUNGEN UND FORMELZEICHEN</u>

<u>Abkürzungen</u>

3D	-	dreidimensional
DIN	-	Deutsche Industrienorm
DNC		Direct Numerical Control
E	-	Eingangskenngröße
EDV	-	Elektronische Datenverarbeitung
FFT	-	Fast Fourier Transformation
G	-	Grenzbereich
GGG	-	Grauguß globular
GGL	-	Grauguß laminar
IR	-	Industrieroboter
I	-	Integrationskonstante
K/M	-	Kraft-Moment
MB	-	Messung des Bearbeitungsergebnisses
NE		Nichteisen
P	-	Suchpunkt
PC	-	Personal Computer
S	-	Suchgerade
VDI	-	Verein Deutscher Ingenieure
Z	-	Zielgröße

<u>Formelzeichen</u>

A	mm^2	Fläche
A_0	mm^2	Bezugsfläche
A_E	mm^2	Grundfläche des Einschliffs
A_K	mm^2	Kolbenfläche
A_S	mm^2	Querschnittsfläche des Sekundärgrats
$A_{\ddot{U}}$	mm^2	Grundfläche des Materialüberstands

a	mm	Abmessung
b	mm	Abmessung
b_{wz}	mm	Schneidenabmessung
c	N/mm	Federkonstante
e	mm	Exzentrizität
F	N	Kraft
$\hat{F}$	N	Kraftamplitude
F_{ci}	N	Kraft an einer Fräserschneide
F_m	N	mittlere Bearbeitungskraft
F_{max}	N	maximale Bearbeitungskraft
F_{res}	N	resultierende Bearbeitungskraft
$fb_1,...,fb_4$	-	Gewichtungsfaktoren der Bearbeitungsqualität
f_{niv}	-	Nivellierungsfaktor
$fp1,...,fp4$	-	Gewichtungsfaktoren der Prozeßqualität
f_{sek}	-	Sekundärgratausprägung
g_b	mm	Sekundärgratbreite
g_h	mm	Sekundärgrathöhe
h	mm	Abmessung
h_0	mm	Höhe des Materialüberstands
h_m	mm	mittlerer Höhenfehler beim Einnivellieren
h_{wzm}	mm	mittlere Spanungstiefe
ir	-	Index Industrieroboter
K_s	N/mm^2	spezifische Schnittkraft
$k1, k2$	-	Differenz zwischen vorhergesagtem Optimum und realem Optimum
kl_f	1/N	Klassifizierungsfaktor Reaktionskräfte
kl_n	-	Klassifizierungsfaktor Nivellierungsverhalten
kl_r	1/µm	Klassifizierungsfaktor Oberflächenrauhigkeit
kl_s	1/min	Klassifizierungsfaktor Standzeit
kl_{sek}	1/mm^2	Klassifizierungsfaktor Sekundärgratausprägung
kl_t	1/mm	Klassifizierungsfaktor Toleranzverhalten
kl_v	s/mm^3	Klassifizierungsfaktor Abtragsrate
kl_w	1/mm	Klassifizierungsfaktor Oberflächenwelligkeit
l	mm	Abmessung
l_n	mm	Abstand zwischen zwei Profilschnitten
l_x	mm	Einfederungsweg am Druckluftzylinder

Symbol	Unit	Description
M	Nm	Drehmoment
m	kg	Masse
max	-	Index Maximalwert
min	-	Index Minimalwert
n	min^{-1}	Drehzahl
P_a	W	Antriebsleistung
P_{max}	W	Maximale Antriebsleistung
p	N/mm^2	Druck
Q_B	-	Bearbeitungsqualität
Q_P	-	Prozeßqualität
q_b, q_h, q_l	mm	Hüllquaderabmessungen um Sekundärgrat
R_a	µm	Mittenrauhwert
R_z	µm	gemittelte Rauhtiefe
r	kg/s	Dämpfungskonstante
s	mm	Abmessung
$s1,...,s4$	-	Achsenabschnitte Teiloptimum
s_{to}	mm	Abweichung beim Toleranzverhalten
T	min	Standzeit
T_p	°C	Temperatur
t	s	Zeit
t_{ges}	min	gesamte Versuchsdauer
t_{sm}	min	Dauer eines Zerspanversuchs mit Meßauswertung
t_{smg}	min	Gesamtdauer aller Zerspanversuche mit Meßauswertung
t_v	min	Verfahrzeit
t_{wzw}	min	Dauer eines Werkzeugwechsels
U	µm	Glättungstiefe
V	mm^3	Volumen
V'	mm^3/s	Abtragsleistung
V_0	mm^3	Bezugsvolumen
V_E	mm^3	Einschliffvolumen
V_{sek}	mm^3	Sekundärgratvolumen
$V_{\ddot{U}}$	mm^3	Volumen des Materialüberstands
v	m/min	Vorschub

W	mm	Oberflächenwelligkeit
wst	-	Index Werkstück
wz	-	Index Werkzeug
x, y	mm	Abstände
$\hat{x}$	mm	Schwingungsamplitude
x_S	mm	Zustelltiefe
z	-	Zähnezahl

Griechische Buchstaben

$\varnothing$	–	Durchschnitt
α_A, α_B	Grad	Werkstückkantenwinkel
ΔG	N	Gewichtsabnahme
Δg	-	Sicherheitsschranke Grenzwertbildung
δ	1/s	Abklingkoeffizient
ε	–	benutzerdefiniertes Abbruchkriterium
γ	N/m^3	spezifisches Gewicht
φ	Grad	Drehwinkel
κ	-	Isentropenexponent
λ_b	-	gewichtetes Teiloptimum der Bearbeitungsqualität
λ_p	-	gewichtetes Teiloptimum der Prozeßqualität

1 EINLEITUNG

1.1 Problemstellung

Seit dem ersten industriellen Einsatz von Industrierobotern zu Beginn der siebziger Jahre konnte in fast allen Anwendungsbereichen ein stetiger Zuwachs verzeichnet werden. Haupteinsatzgebiete für Industrieroboter sind heute das Punkt- und Bahnschweißen sowie die Montage /1/.

Dieser Zuwachs konnte auch beim Bearbeiten mit dem Industrieroboter beobachtet werden, jedoch liegen die nominalen Einsatzzahlen vergleichsweise niedrig. Die Ursachen hierfür sind vielschichtig. Ein wichtiger Punkt sind ungünstige Randbedingungen, wie sie in vielen Gießereien angetroffen werden. Durch eine starke Teilevielfalt bei kleinen Losgrößen /2/ wird der wirtschaftliche Einsatz von Industrieroboter oft schon durch den hohen Programmieraufwand in Frage gestellt. Die Bewegungsprogramme, die wegen der geforderten Bahngenauigkeit durch große Punktdichten charakterisiert sind, werden noch immer überwiegend im Teach-in-Verfahren erstellt, wobei der Industrieroboter direkt zur Programmerstellung eingesetzt wird und in dieser Zeit nicht produktiv genutzt werden kann.

Neben viel Erfahrung bei der Erstellung des Roboterablaufprogramms muß der Anwender darüberhinaus über ein bearbeitungsspezifisches Fachwissen bei Auswahl und Optimierung eines geeigneten Verfahrens verfügen. Die Einstellung der Zerspanparameter beeinflußt sowohl die am Werkstück erzielbare Bearbeitungsqualität als auch die Wirtschaftlichkeit der gesamten Applikation durch die erzielbaren Zykluszeiten und Werkzeugrüstkosten.

Durch die geringe Anzahl der für Bearbeitungsaufgaben eingesetzten Industrieroboter und die begrenzte Zahl an einschlägigen Publikationen gibt es heute nur wenige Datenbestände, auf die der Anwender zurückgreifen kann. In der Regel verlaufen die ersten Applikationen nach dem Trial-and-Error-Verfahren und ihr Erfolg hängt maßgeblich vom Fachwissen des Anwenders ab.

Viele Ansätze zur Realisierung einer robotergestützten Bearbeitungsaufgabe scheitern somit oftmals bereits in der Erprobungsphase wegen falscher Werkzeugauswahl und ungünstig gewählter Zerspanparameter /3/.

1.2　Zielsetzung

Ziel der vorliegenden Arbeit ist es, Methoden zu entwickeln, um die Tauglichkeit eines Bearbeitungsverfahrens für den Robotereinsatz zu bewerten und die technologischen Einflußgrößen auf das Bearbeitungsverfahren zu optimieren. Dazu wird ein Verfahrensprüfstand konzipiert, der durch geeignete Meßsysteme diese Größen erfaßt und auswertet. Der Verfahrensprüfstand soll den Anwender bei der Verfahrensauswahl für seine Applikation und insbesondere der Verfahrensoptimierung weitgehend unterstützen.

Der Verfahrensprüfstand ist daher so zu konzipieren, daß er einfach in eine bestehende Applikation zu integrieren ist und auch den Erstanwender in der Inbetriebnahmephase und bei der Verfahrensoptimierung unabhängig von der eingesetzten Hardware unterstützt. Durch die Möglichkeit zur vollautomatischen Versuchsabwicklung der oft zeitaufwendigen Zerspanversuche und die rechnergestützte Optimierung der Zerspanparameter wird die Voraussetzung geschaffen, ohne detailliertes Fachwissen über den Zerspanprozeß mit vertretbarem Aufwand die Bearbeitungsqualität mit dem Industrieroboter zu steigern. Darüberhinaus wird eine Struktur für eine Zerspandatenbank entwickelt, die dem Anwender die Möglichkeit bietet, bei Realisierung einer weiteren Applikation auf bestehende Informationen aus ähnlich gelagerten Problemstellungen zurückzugreifen.

1.3　Vorgehensweise

Durch eine Werkstückanalyse wird der Untersuchungsbereich auf die heute praxisrelevanten Bearbeitungsverfahren eingegrenzt. Zusätzlich werden mithilfe einer Anwenderbefragung die Automatisierungshemmnisse im Bereich der Bearbeitungsapplikationen aufgezeigt und hieraus der Entwicklungsbedarf für einen Verfahrensprüfstand für robotergeführte Bearbeitungsverfahren abgeleitet.

Um Bearbeitungsverfahren durch entsprechende Einstellung der Zerspanparameter optimieren zu können, werden zuerst Bewertungskriterien entwikkelt, die sowohl die am Werkstück erzielte Bearbeitungsqualität beschreiben, als auch die Leistungsfähigkeit des Bearbeitungsverfahrens charakterisieren. Hierfür werden objektive Bewertungskriterien hergeleitet und ein Klassifikationssystem geschaffen.

Zum Gesamtaufbau des Verfahrensprüfstandes werden die Teilsysteme analysiert und heute nicht am Markt verfügbare Funktionsmodule konzipiert. Neben der Entwicklung einer Gesamtstruktur für eine Zerspandatenbank für das Bearbeiten mit dem Industrieroboter wird ein besonderer Schwerpunkt auf die Entwicklung einer Zerspanparameteroptimierung gelegt. Dieses Verfahren wird auf die speziellen Anforderungen, wie sie beim Bearbeiten mit dem Industrieroboter auftreten, angepaßt und durch einen Prüfstandprototyp realisiert.

2 AUSGANGSSITUATION

2.1 Begriffe und Definitionen

Nachfolgend werden Begriffe aufgeführt, die für das allgemeine Verständnis der Arbeit von Bedeutung sind, sowie Definitionen, die nicht durch Normen oder Richtlinien abgedeckt sind.

2.1.1 Begriffe zur Industrierobotertechnik

Der Begriff des Industrieroboters ist in der VDI-Richtlinie 2860 /4/ hinreichend definiert und wird analog verwendet. Für das Bearbeiten wichtige mechanische Kenngrößen des Industrieroboters wie Positioniergenauigkeit, Nutzlast und Nennlast sind in der VDI-Richtlinie 2861 /5/ festgelegt.

Begriffe zur Bezeichnung der Roboterkinematiken werden gemäß den bekannten Definitionen verwendet /6/.

In Anlehnung an Sturz /7/ wird ein Industrieroboter dann als Bearbeitungsroboter bezeichnet, wenn er bezüglich Kinematik, Mechanik und Steuerung insbesondere für das Bearbeiten ausgelegt ist.

2.1.2 Begriffe zum Bearbeiten

Das Bearbeiten mit Industrierobotern ist ein Überbegriff für Verfahren und Techniken, die zum flexiblen, automatisierten Trennen gemäß DIN 8580 /8/ eingesetzt werden. Diese Verfahren lassen sich in vier Bereiche unterteilen :

Unter Entgraten versteht man das Entfernen oder Verringern von überschüssigem Werkstoff, der in Form von Kantenüberhängen an Werkstücken hauptsächlich nach dem Ur- und Umformen sowie dem Trennen und Fügen anzutreffen ist /9/.

Das Gußputzen ist ein Sammelbegriff für alle Arbeiten am rohen Gußstück, wie dieses nach der Abkühlung aus der Gießform kommt /10/. Das Gußputzen umfaßt somit neben reinen Entgratoperationen wie dem Entfernen von Formteilungsgraten oder Kernlagergraten darüberhinaus sämtliche Operationen zum Entfernen von ungewolltem Materialüberschuß, etwa dem Abtrennen von Angußsystemen oder dem Entfernen von Sandangüßen oder der Gußhaut.

Die Oberflächenbearbeitung dient der Verbesserung von Werkstückoberflächen. Hierzu werden abtragende Verfahren wie Bürsten, Schleifen oder Polieren eingesetzt /11/.

Unter Besäumen versteht man das Abtrennen von produktionstechnisch bedingten Graten an Kunststoffteilen. Derartige Grate entstehen beispielsweise durch Formteilungen beim Laminieren oder durch Aufschmelzen des Kunststoffs beim Reibschweißen /12/.

	ENTGRATEN	GUSSPUTZEN	OBERFLÄCHEN-BEARBEITUNG	BESÄUMEN
Werkstoffe	Alle festen Metalle ohne Gußwerkstoffe	Metallische Gußwerkstoffe	Metalle, Kunststoffe	Kunststoffe
Typische Branchen	Kraftfahrzeugbau Luftfahrt Bürogeräte	Kraftfahrzeugbau Zulieferindustrie	Luftfahrt Armaturen Schmuckbranche	Kraftfahrzeugbau Haushaltsgüter
Bearbeitungsaufgabe	Entfernen von Bearbeitungsgraten	Behebung von Gußfehlern und Entfernen gießtechnisch bedingter Materialüberstände	Glätten von planen Flächen oder Freiformflächen	Abtrennen von fertigungstechnisch bedingten Materialüberständen

Bild 1 :   Gegenüberstellung von Verfahren zum Bearbeiten mit dem Industrieroboter

Bei der Werkzeughandhabung führt der Industrieroboter das Werkzeug zum Werkstück, bei der Werkstückhandhabung wird das Werkstück zu den stationär im Arbeitsraum des Industrieroboters installierten Werkzeugen geführt.

2.1.3   Bearbeitungsbezogene Qualitätsbegriffe

Unter Qualität beim robotergeführten Bearbeiten werden im Rahmen dieser Arbeit ganzheitlich die prozeß- und werkstückspezifischen Einflußfaktoren bezeichnet, die sich auf das Erscheinungsbild und die Funktionalität des bearbeiteten Werkstücks auswirken.

Zur Bewertung des Entratergebnisses wurde eine Klassifizierung nach Entgratqualitätsklassen vorgeschlagen /13/. Vom Werkstück wird ein Querschliff angefertigt und das Querschnittprofil auf einen Profilprojektor projiziert. Die Angabe der Entgratqualität erfolgt in einem Achsenkreuz mit vier Quadranten. In Abhängigkeit von den gemessenen Entgratkenngrößen wird eine Zuordnung in Entgratqualitätsklassen durchgeführt.

Von Sturz /7/ wird eine EDV-unterstützte Vorgehensweise zur Verfahrensauswahl beim Gußputzen mit dem Industrieroboter vorgeschlagen. Der Putzaufwand am Werkstück wird systematisch erfaßt und bewertet, indem die Grate nach Verlauf und Abmessung klassifiziert werden. Durch Gegenüberstellung der Leistungskenndaten der Putzverfahren zu den von der Werkstückgeometrie bestimmten Anforderungen der jeweiligen Applikation wird das geeignete Gußputzverfahren ausgewählt.

Die dabei getroffene Einteilung in Gratklassen bezieht sich auf das unbearbeitete Werkstück und kann somit nicht zur Beurteilung von Bearbeitungsqualitäten herangezogen werden, da die aus dem Bearbeitungsprozeß resultierenden Bearbeitungsfehler mit dieser Systematik nicht bewertbar sind.

2.2   Stand der Technik

2.2.1   Robotergeführtes Bearbeiten

Der Einsatz von Industrierobotern für das Bearbeiten ist gekennzeichnet durch eine sehr genaue Programmierung der Bewegungsbahn bei komplexen Bahnverläufen. Zugleich treten Abweichungen in den Werkstückabmessungen, beim Spannen der Werkstücke und unterschiedliche Ausprägungen der Bearbeitungsgrate auf. Zur Toleranzkompensation existieren zahlreiche Ansätze im Labor, bei denen die Störgrößen sensorisch erfaßt werden, etwa durch Kraft-Momenten-Sensoren, optische Systeme oder Motorstromüberwachung des Werkzeugantriebs. Diese Informationen werden zur toleranzabhängigen Anpassung des Bewegungsverhaltens des Industrieroboters weiterverarbeitet /14, 15/. Eine breite Übertragung dieser Arbeiten in die Industrie hat bis heute jedoch offensichtlich noch nicht stattgefunden.

Die Bandbreite der Bearbeitungsaufgaben, die bisher durch den Einsatz von Industrierobotern realisiert wurden, reicht dabei von den spanenden Bearbeitungsverfahren wie dem Fräsen oder Schleifen bis hin zu thermischen Trennverfahren wie dem Laser- oder Plasmaschneiden.

2.2.2 <u>Marktgängige Roboterwerkzeuge</u>

Für die meisten Bearbeitungsverfahren sind heute roboterangepaßte Werkzeuge auf dem Markt erhältlich, die den besonderen Anforderungen des Robotereinsatzes durch Parameter wie Leistungsgewicht, Zugänglichkeit oder integrierte Nachgiebigkeit Rechnung tragen /16, 17/. Bild 2 zeigt eine Gegenüberstellung einiger marktgängiger Industrieroboterwerkzeuge.

	Hersteller/Typbezeichnung			
Spezifikation	BIAX RWA1-24	BIAX RWA2-40	FEIN Hochfrequenz-Roboterwerkzeug	FEIN Hochfrequenz-Roboterwerkzeug
Bearbeitungs-verfahren	Fräsen, Schleifen, Bürsten	Fräsen, Schleifen, Bürsten	Fräsen, Schleifen, Bürsten	Trennen, Schleifen
Nenndrehzahl [1/min]	24 000	40 000	17 500	5 060
Leistung [W]	300	240	850	10 000
Antriebsart	pneumatisch	pneumatisch	Hochfrequenz	Hochfrequenz
Drehzahlregelung	bedingt	bedingt	Frequenzumrichter	Frequenzumrichter
Masse [kg]	1,45	1,2	3,1	27,5

<u>Bild 2 :</u>   Leistungsdaten einiger am Markt erhältlicher Roboterwerkzeuge

2.2.3   <u>Prozeßbezogene Steuerungstechnik</u>

Die Steuerung von Industrierobotern wird nicht nur in Anwendungsgebieten eingesetzt, in denen sie ausschließlich zur Bewegungsführung dient, sondern auch durch direkte Ansteuerung der Peripherie gezielt Parameter des laufenden Prozesses ändert. Typische Anwendungsfälle hierzu sind das Bahnschweißen, Kleberauftragen sowie die meisten Bearbeitungsaufgaben. Die Vorgabe der Prozeßparameter erfolgt hierbei direkt über die Robotersteuerung.

Durch die Einbindung von parametrisierten Technologiedaten in die Steuerungssoftware wurde erreicht, daß diese Prozeßparameter steuerungsintern unabhängig von der reinen Bewegungsbahn des Industrieroboters verarbeitet werden können. In sogenannten Technologietafeln /18/ können diese Prozeßparameter verfahrensspezifisch abgelegt und programmtechnisch von den werkstückspezifischen Bewegungsanweisungen des Industrieroboters getrennt werden. Diese Trennung von Technologieinformation und Bewegungsdaten bietet insbesondere beim Bearbeiten mit Industrierobotern einige Vorteile :

⇒ Mehrfachverwendung von einmal ermittelten Prozeßparametern für verschiedene Werkstückkonturen durch direkten Abruf aus einer Technologietafel,
⇒ einfache Archivierung von Prozeßinformationen,
⇒ übersichtliche Handhabung für prozeßspezifische Optimierung durch Trennung von Technologie- und Bewegungsdaten,
⇒ komfortable Bedienung der Anlage, da durch die zentrale Ablage von Prozeßinformationen kein hochspezialiserter Fachmann für die einzusetzende Technologie erforderlich ist.

Damit sind die Voraussetzungen gegeben, auch die über einen Verfahrensprüfstand ermittelten Zerspandaten steuerungstechnisch zu verarbeiten.

2.2.4   <u>Verfahrensprüfstände und Zerspandatenbanken</u>

Prüfstände zur Untersuchung von neuartigen Fertigungsmethoden mit Industrierobotern gibt es zur Montage von Schläuchen /19/, zum Kabelbaumverlegen /20/ und zur Montage feinwerktechnischer Produkte /21/. Weiterhin sind Verfahrensprüfstände zur Messung des Positionier- und Orientierungsverhaltens von Industrierobotern bekannt /22, 23/.

All diesen Prüfständen ist gemein, daß sie ausschließlich auf ein spezielles Problemfeld ausgelegt sind, um ein Verfahren für ein einziges Werkstück oder ein eng eingegrenztes Produktspektrum auszutesten und zu optimieren. Eine Übertragung der dort gewonnenen Erkenntnisse auf die Problematik beim Bearbeiten mit Industrierobotern ist somit nicht möglich. Bei den Werkzeugmaschinen gibt es dagegen seit langem weitergehende Arbeiten zur Entwicklung von Zerspandatenbanken und Verfahrensprüfständen.

In den USA wurde bereits 1963 die erste Datenbank angelegt /24/, in der für bestimmte Bearbeitungsfälle die durch praktische Versuche ermittelten optimalen Zerspanparameter vom Anwender abrufbar waren. In den nachfolgenden Jahren wurden diese einfachen Datenbanken zu Informationszentren wie dem europäischen EURONET /25/ erweitert. Hier werden aus dem vorliegenden Datenbestand mathematische Gesetzmäßigkeiten unter den Zerspankenngrößen abgeleitet, so daß für Benutzeranfragen, für die keine expliziten Zerspandaten vorliegen, Werte extrapoliert werden können. Im Bereich der Industrierobotertechnik sind dagegen vergleichbare Datenbanken bisher keine bekannt.

Zur Erfassung der Zerspanparameter beim Drehen wurde ein Verfahrensprüfstand für Werkzeugmaschinen konzipiert, der Kenngrößen wie Zerspankräfte, Spanform sowie Verschleiß am Drehmeißel erfaßt und aus diesen

Kennwerten eine Schnittwertoptimierung aufgrund abgeleiteter mathematischer Zusammenhänge durchführt /26/. Die hierzu erforderlichen Basisdaten, speziell für das Verschleißverhalten, erfordern wegen der langen Versuchsdauer eine langwierige Versuchsdurchführung, so daß die Datenerfassung in den Produktionsprozeß integriert wurde.

Der Zugriff auf die vorliegenden Zerspandatenbanken im Bereich der Werkzeugmaschinen wird ständig verfeinert. Neben der reinen Datenabfrage werden heute Systeme entwickelt, die durch den Einsatz von wissensbasierten Systemen den Bediener bei der Planung des Fertigungsablaufs unterstützen sollen. König /27/ entwickelte ein Expertensystem, in dem der Anwender für das Schleifen bei der Dimensionierung und Auswahl der Schleifscheiben unterstützt wird.

Durch die große Anzahl an Zerspandatenbanken und Verfahrensprüfständen im Bereich der Werkzeugmaschinen ist die Übertragung auf die entsprechenden robotergeführten Verfahren naheliegend. Dabei treten jedoch eine Reihe systemspezifischer Einschränkungen auf.

Während beim Fräsen auf der Werkzeugmaschine große Volumina zerspant werden, dient das Fräsen mit dem Industrieroboter dagegen primär der Entfernung von Graten und dem Brechen von Kanten. Aus Gründen der Zugänglichkeit werden dabei Fingerfräser mit Schaftdurchmessern zwischen 6 mm und 10 mm verwendet /28/. Im Gegensatz zu den bei den Werkzeugmaschinen eingesetzten Fräswerkzeugen mit ausgeprägter Schneidengeometrie weisen die Fingerfräser aufgrund ihres geringen Schaftdurchmessers nur relativ schlecht ausgebildete Schneiden auf. Die Zerspanvolumina sind deshalb entsprechend gering und an der Zerspanstelle tritt bei der Relativbewegung zwischen Roboterwerkzeug und Werkstück weniger ein Schneiden als vielmehr ein Überfräsen der Werkstückkontur auf /29/. Ein Zerspanen großer Volumina auf ein definiertes Endmaß wird mit dem Industrieroboter somit nicht durchgeführt.

Ähnlich problematisch ist die Übertragbarkeit dieser Zerspantabellen beim Schleifen. Das Schleifen von Werkstücken auf Werkzeugmaschinen wird primär zur Oberflächenverbesserung eingesetzt, während das robotergeführte Schleifen auch zur Erzielung von hohem Materialabtrag bei geringerer Oberflächenanforderung eingesetzt wird. Ein Beispiel ist hier etwa das Abtragen von Gießgraten durch Schleifprozesse /30/.

Durch die Ausbildung des Roboterarms als offene kinematische Kette ist der Industrieroboter weiterhin der Werkzeugmaschine hinsichtlich Steifigkeit und Belastbarkeit unterlegen /31/. Zur Kompensation der steifigkeitsbedingten Bahnabweichungen wurden zahlreiche Verfahren entwickelt, die durch eine mathematische Modellbildung Einflußgrößen wie Achsverformungen oder Getriebesteifigkeiten in Abhängigkeit von der jeweiligen Achsstellung auszugleichen versuchen /32, 33/.

Die Kompensation kann extern durch Vorausberechnung der abzufahrenden Bahn erfolgen oder durch direkte Implementierung der Algorithmen in die Robotersteuerung. Allen Verfahren ist jedoch gemein, daß sie durch die erforderliche exakte Modellbildung der Roboterkinematik stets gerätespezifisch sind und sich im industriellen Einsatz daher nicht weit verbreitet haben.

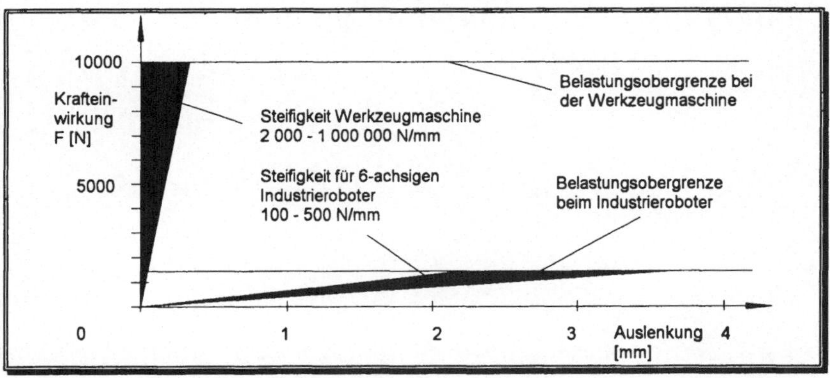

Bild 3 :   Vergleich der Steifigkeit von Werkzeugmaschine und Industrieroboter

Aufgrund der geringeren Belastbarkeit können beim Bearbeiten mit einem Industrieroboter nicht die bei den Werkzeugmaschinen üblichen Zerspanraten erreicht werden. Auch ist eine Bearbeitung auf Maß mit einem Industrieroboter nur bedingt durchführbar, da eine vorgegebene Schnittiefe aufgrund der geringen Steifigkeit der kinematischen Kette nicht eingehalten werden kann.

Aus den genannten Gründen müssen für das Bearbeiten mit Industrierobotern oftmals Werkzeuge neu entwickelt oder problemspezifisch verändert und an das spezielle Bearbeitungsverfahren und den eingesetzten Industrieroboter angepaßt werden. Für derartige Roboterwerkzeuge können keine Zerspankennwerte aus dem Bereich der Werkzeugmaschinen übertragen werden. Es besteht somit ein konkreter Entwicklungsbedarf für einen Verfahrensprüfstand für das Bearbeiten mit dem Industrieroboter und zur Generierung von Zerspandatenbanken für die spezifischen Einsatzbedingungen des Industrieroboters.

3   ANALYSE DER BEARBEITUNGSAUFGABEN UND ABLEITUNG VON ANFORDERUNGEN AN EINEN VERFAHRENSPRÜFSTAND

3.1   Analyse der Bearbeitungsaufgaben

Ausgangsbasis für die Eingrenzung der Aufgabenstellung ist eine systematische Datenerhebung bei Firmen verschiedener Branchen und eine Analyse ausgewählter Werkstücke. Die Vorgehensweise und der Umfang der Analyse ist in Bild 4 dargestellt.

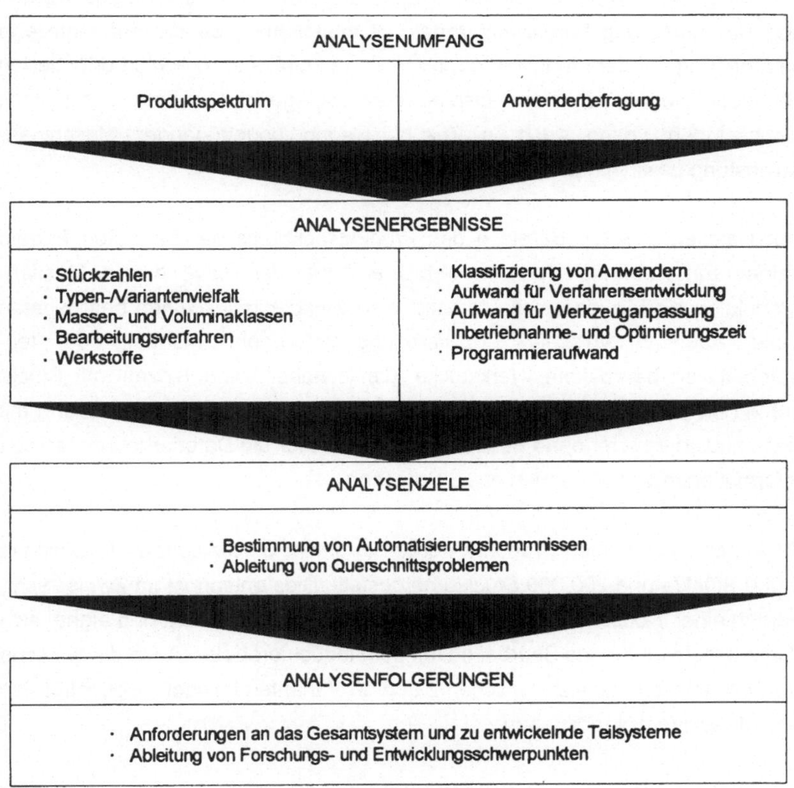

Bild 4 :   Vorgehensweise bei der Analyse

3.1.1   **Produktspektrum**

Produkte, die Einzelteile enthalten, welche bei der Herstellung mit einem der Verfahren gemäß Kap. 2.1.2 bearbeitet werden, finden sich in den unterschiedlichsten Branchen mit einem umfangreichen Produktspektrum. Zur qualitativen Einordnung des Einsatzfeldes und zur Quantifizierung der Aufgabenstellung "Bearbeiten mit dem Industrieroboter" muß dieses Produktspektrum auf übertragbare Problemstellungen eingegrenzt werden.

Die hierzu benötigten Werte wurden durch eine bei mittelständischen und großen Unternehmen durchgeführte Erhebung ermittelt. Kleinbetriebe wurden von der Befragung bereits im Vorfeld ausgenommen, da die automatisierte Bearbeitung mit dem Industrieroboter in den oftmals handwerklich orientierten Betrieben wegen den hier typischerweise vorliegenden kleinen und schnell wechselnden Losen auch in Zukunft wegen ungenügender Maschinenauslastung unwirtschaftlich bleiben wird.

Auch stellen gewisse Bereiche des Produktspektrums der befragten Firmen keinen Einsatzbereich für den Industrieroboter dar, etwa die in Massenproduktion auf teil- oder vollautomatisierten Werkzeugmaschinen bearbeiteten Teile. Auch in typischer Einzelfertigung vorwiegend manuell oder teilautomatisiert bearbeitete Werkstücke, die in hoher Variantenzahl mit Stückzahlen bis zu 100 Stück/Jahr hergestellt werden, sind für die Bearbeitung mit dem Industrieroboter ohne Bedeutung. Die Basis für die Datenerhebung enthält Informationen von 33 Firmen aus 6 Branchen.

79 % der untersuchten Produkte werden in einem Stückzahlbereich zwischen 2.000 Stück/a und 200.000 Stück/a hergestellt. Dies entspricht im Zweischichtbetrieb einer Taktzeit zwischen 50 min/Stück und 0,5 min/Stück und eignet sich damit prinzipiell für das Bearbeiten mit dem Industrieroboter. Auch die typische Variantenvielfalt, die sich zwischen 2 und 30 Varianten bewegt, begünstigt den Einsatz von Roboterlösungen.

Die Analyse des Produktspektrums zeigt weiterhin, daß 4 % der analysierten Teile Volumina von über 0,5 m^3 und eine Masse von über 200 kg besitzen. Hierbei handelt es sich primär um Großteile wie LKW-Achsen oder Motorblöcke von Nutzfahrzeugen. Alle anderen der untersuchten Produkte fallen in folgende Klassen :

$\Rightarrow$ Teilemasse zwischen 0,01 kg und 200 kg,

$\Rightarrow$ Produktvolumina zwischen 10^{-5} m^3 und 0,1 m^3,

$\Rightarrow$ manuelle Bearbeitung mit automatisierten Handwerkzeugen.

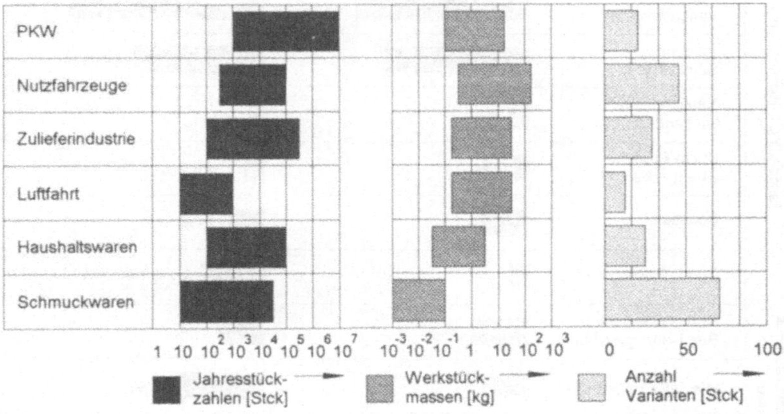

Bild 5 :   Jahresstückzahlen, Massen und Variantenvielfalt typischer Produkte (Basis : 33 Firmen aus 6 Branchen)

3.1.2   Anwendererfahrungen

Zur Quantifizierung der bestehenden Automatisierungshemmnisse wurden die Firmen über derzeit bestehende Einschränkungen befragt. Dabei wird unterschieden zwischen Firmen, die bereits Industrieroboter zum Bearbeiten einsetzen und solchen, die zu den potentiellen Anwendern zu zählen sind. Die Automatisierungshemmnisse wurden gemäß der genannten Wertigkeit und getrennt nach organisatorischen und technischen Hemmnissen ausgewertet (Bild 6). Es zeigt sich, daß bei den Anwendern mit Robotererfahrung mehr als die Hälfte der Befragten sowohl Probleme bei der Inbetriebnahme einer Applikation als auch bei Entwicklungs- und Engineeringarbeiten haben. Dagegen werden von potentiellen Anwendern primär produktspezifische Parameter wie die zu hohe Typen- und Variantenvielfalt und zu geringe Stückzahlen als Automatisierungshemmnisse genannt.

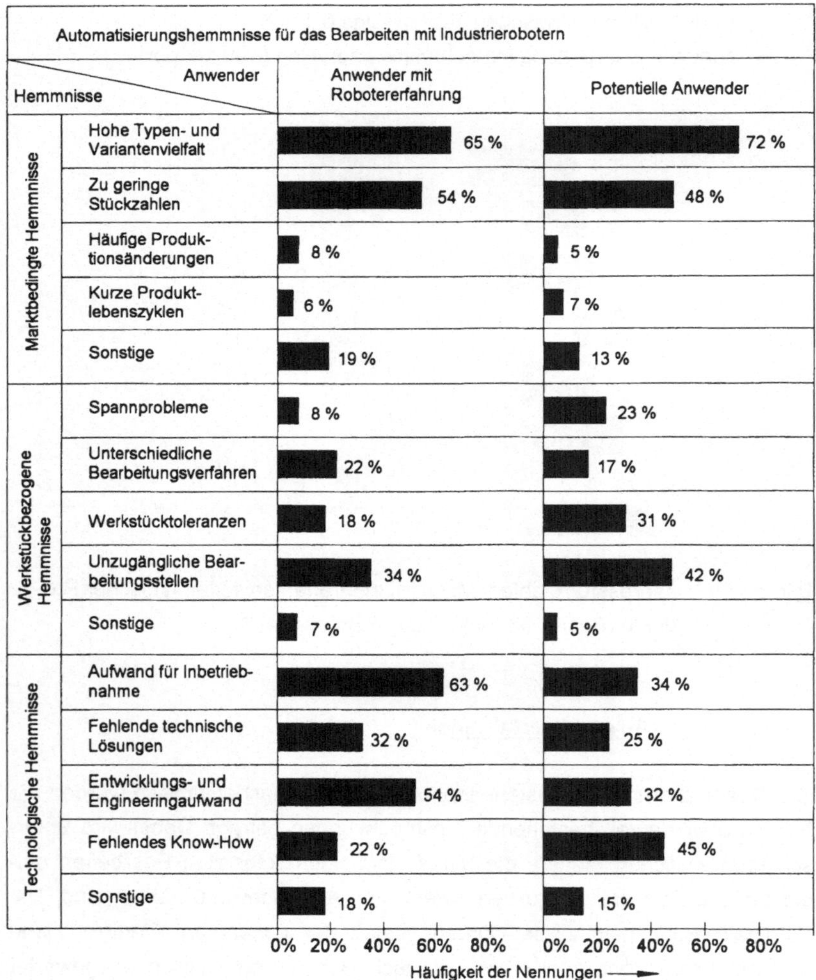

Bild 6 :   Häufigkeit von Automatisierungshemmnissen (Mehrfachnennungen möglich)

Die ermittelten marktbedingten Hemmnisse sind als fixe Randbedingungen in die Betrachtungen einzubeziehen, zur Lösung der werkstückbezogenen Problemfelder wurden in /7/ Problemlösungen erarbeitet, die sich aber in der Praxis offensichtlich noch nicht durchgängig durchgesetzt haben. Für die technologischen Hemmnisse wird in einer weiteren Detailanalyse bei den Firmen mit Robotererfahrung zwischen drei verschiedenen Anwenderklassen unterschieden :

⇒   Klasse 1 - Erstanwender :
         Erstanwender kaufen bevorzugt eine schlüsselfertige Anlage. Peripheriegestaltung, Programmierung und Verfahrenauswahl werden extern in Auftrag gegeben.

⇒   Klasse 2 - Anwender mit eigenem Roboter-Know-How :
         Da eigene Industrierobotererfahrungen vorliegen, wird die Problemlösung in Form einer Machbarkeitsstudie eingekauft. Die Realisierung wird wahlweise selbständig oder durch einen externen Zulieferer durchgeführt.

⇒   Klasse 3 - Anwender mit eigenem Roboterlabor :
         Durch das Vorhandensein eines entsprechenden Entwicklungspotentials wird die Verfahrensentwicklung und Realisierung komplett im eigenen Hause durchgeführt.

85 % der befragten Anwender fallen unter die Klassen 1 und 2. Die bei Klasse 3 benötigte kostenintensive Infrastruktur für Verfahrensentwicklung und Realisierung kann nur in wenigen großen Betrieben, vorzugsweise Automobilfirmen, zur Verfügung stehen.

Wie die Analyseergebnisse in Bild 7 zeigen, wird von allen Anwendern als Haupthemmnis bei der Inbetriebnahme neben der aufwendigen Programmierung als wichtigstes Problemfeld die Anpassung der Bearbeitungstechnik an den Industrieroboter genannt. Entsprechend wurden als fehlende technische Lösungen Hilfsmittel zur Programmierung und zur Verfahrensauswahl genannt.

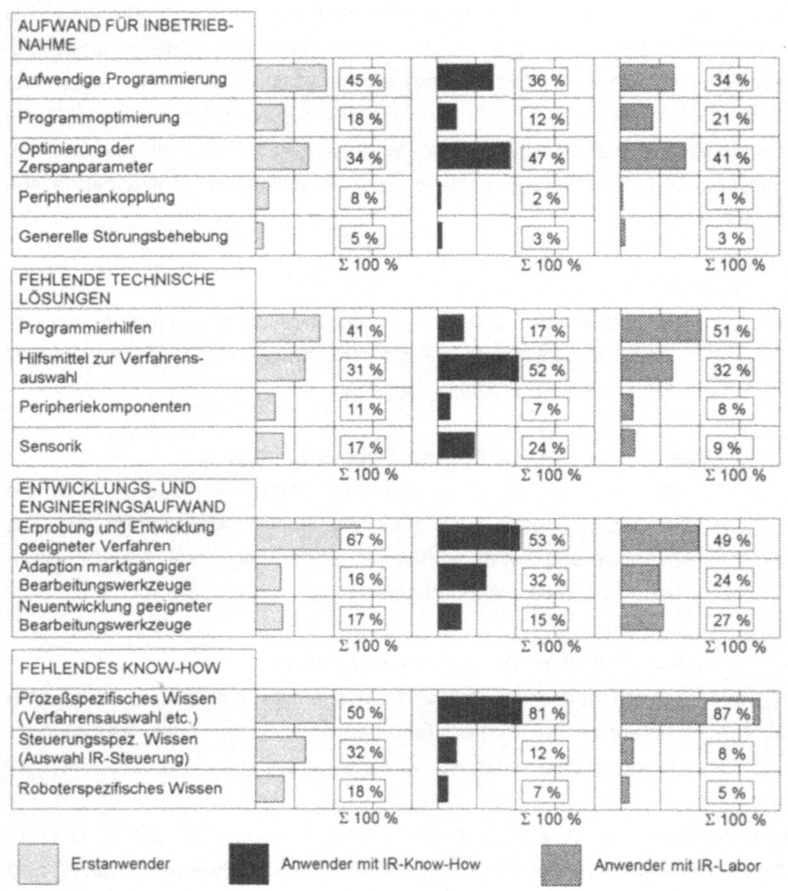

Bild 7 :   Aufgliederung der technologischen Automatisierungshemmnisse für das Bearbeiten mit Industrierobotern

Alle drei Anwendergruppen gaben an, im Bereich des prozeßspezifischen Wissens über zu wenig Know-How zu verfügen. Die Anwenderbefragung zeigt, daß der Wissensstand hinsichtlich Roboterhard- und -software offensichtlich ausreichend ist, aber sowohl Erstanwender als auch Anwender mit weitergehenden Robotererfahrungen nennen den Mangel an prozeßspezifischem Wissen als wesentliches Automatisierungshemmnis.

Auch die hohe Anzahl der Nennungen aufgetretener Probleme bei Erprobung und Entwicklung geeigneter Verfahren zeigt, daß bei Anwendern genereller Unterstützungsbedarf bei der Adaption von Bearbeitungsverfahren an den Industrieroboter besteht.

3.1.3 Analyse ausgewählter Bearbeitungsaufgaben

Zur genaueren Eingrenzung der Aufgabenstellung wurden auf Basis der Datenerhebung insgesamt 106 Werkstücke ausgewählt und mit Hilfe eines Analyseinstrumentariums /34/ in bezug auf Werkstückparameter und die eingesetzten Bearbeitungsverfahren untersucht. Von diesen Werkstücken werden bereits 45 Stück mit dem Industrieroboter bearbeitet.

3.1.3.1 Analyse ausgewählter Werkstücke

Die Analyse eines repräsentativen Teilespektrums zeigt, daß der Hauptanwendungsbereich des Industrieroboters bei der Bearbeitung von Eisenmetallen und Aluminium liegt. Trotz der prinzipiellen Bearbeitungsmöglichkeit von NE-Metallen und verschiedenen Kunststoffen liegt ihr Anteil mit 20 % vergleichsweise niedrig und ist auf mangelndes Wissen der potentiellen Anwender zurückzuführen.

Die typische Konturlänge eines Werkstücks liegt zwischen 0,1 m und 1 m. Die Bearbeitung größerer Konturlängen mit dem Industrieroboter erfordert bei komplexen Werkstückgeometrien einen hohen Programmieraufwand, so daß Industrieroboter bevorzugt bei einfachen Konturverläufen eingesetzt werden.

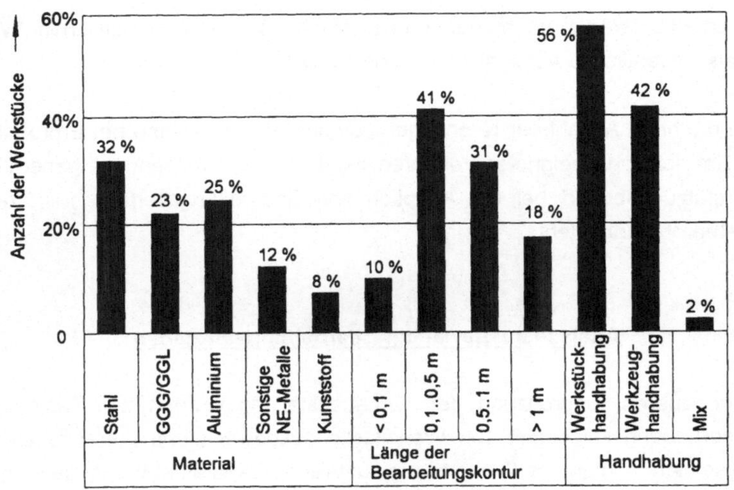

Bild 8 :   Klassifizierung von werkstückbezogenen Daten (Basis : 106 Werkstücke)

Konturlängen unter 0,1 m sind wegen des hohen Nebenzeitenanteils nur bei Applikationen wirtschaftlich, bei denen aufgrund des Fertigungswerts des Werkstücks eine bessere Qualität bei niedrigerer Ausschußrate als beim manuellen Bearbeiten gefordert wird.

3.1.3.2   Analyse eingesetzter Bearbeitungsverfahren

Das dominierend eingesetzte Verfahren beim Bearbeiten mit dem Industrieroboter ist der Fingerfräser. Durch hohe Standzeit, hohen Abtrag und gute Zugänglichkeit zu den Bearbeitungsstellen, kombiniert mit toleranzausgleichenden, nachgiebig aufgehängten Antriebsspindeln ist das Fräsen ein ausgesprochen robotergeeignetes Verfahren.

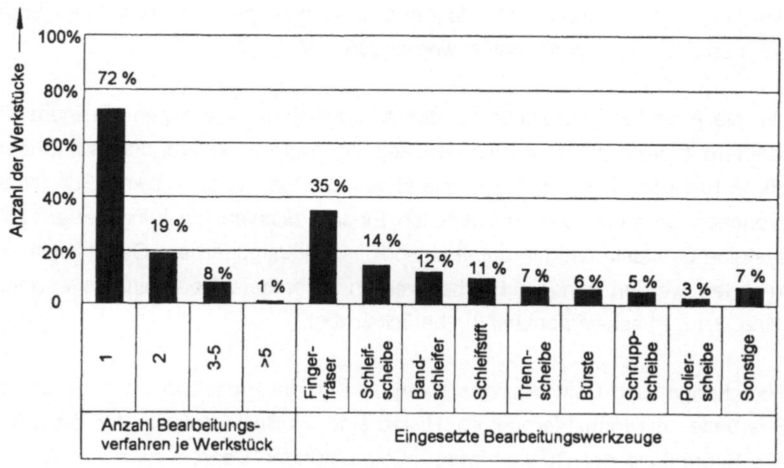

Bild 9 :   Klassifizierung von verfahrensbezogenen Daten (Basis : 106 Werkstücke)

Unter der Rubrik "Sonstige" wurden die Verfahren zusammengefaßt, die Anteile unter einem Prozent erzielten. Dies sind Verfahren wie das Meißeln, Feilen, Wasserstrahlschneiden, Plasmaschneiden und 3D- Laseranwendungen.

3.1.4   Folgerungen aus den Analyseergebnissen

Auf der Basis der durchgeführten Analysen können problemspezifische Automatisierungshemmnisse bestimmt und Querschnittsprobleme für das robotergeführte Bearbeiten abgeleitet werden. Die hohe Typen- und Variantenvielfalt des relevanten Produktspektrums verbunden mit kleinen Losgrößen erfordert flexibel automatisierte Bearbeitungssysteme mit Industrierobotern. Bestehende marktspezifische Anforderungen sind dabei als fixe Randbedingungen in die Betrachtungen einzubeziehen. Die wichtigsten Automatisierungshemmnisse auf der werkstück- und prozeßbezogenen Ebene wurden bereits in zahlreichen industriellen und wissenschaftlichen Arbeiten untersucht und können mit Verfahren und Werkzeugen, die damit dem Stand der Technik entsprechen, gelöst werden /35, 36/.

Um die Einsatzmöglichkeiten für das automatisierte Bearbeiten mit Industrierobotern zu verbessern, müssen Konzepte entwickelt werden, die es erlauben, die Inbetriebnahme- und Optimierungsphase zu unterstützen. Für einen branchenübergreifenden, universellen Einsatz müssen die konzipierten Teilsysteme baukastenartig in aufgabenspezifisch konfigurierbare Gesamtsysteme integriert werden können. Hierbei werden verbreitete Bearbeitungsverfahren (Kap. 3.1.3.2) schwerpunktmäßig berücksichtigt.

Forschungs- und Entwicklungsschwerpunkt ist die Prozeßoptimierung für das Bearbeiten mit Industrierobotern. Hierzu sind als Basis Kriterien für die objektive Beurteilung der Qualität beim robotergeführten Bearbeiten zu erarbeiten. Favorisierte Verfahren zur Unterstützung der Inbetriebnahme- und Optimierungsphase müssen prototypisch auf einem Prüfstand realisiert und erprobt werden.

3.2 Anforderungen an einen Verfahrensprüfstand zum robotergeführten Bearbeiten

3.2.1 Teilfunktionen und deren Zuordnung zu Teilsystemen

Zur Feststellung von Entwicklungsschwerpunkten bei der Realisierung eines Verfahrensprüfstandes für das Bearbeiten mit dem Industrieroboter werden zunächst die Teilfunktionen aufgegliedert (Bild 10). Für jede Teilfunktion werden die Handhabungsoperationen nach VDI 2860 /4/ sowie alle hierüber hinausgehenden Meß- und Bearbeitungsoperationen aufgezeigt.

Für jede Teilfunktion werden ein oder mehrere Teilsysteme zur Erfüllung der erforderlichen Operationen zugeordnet. Nachfolgend wird untersucht, welche der Teilsysteme mit dem Stand der Technik lösbar sind und worin Entwicklungsschwerpunkte bei der Realisierung eines Verfahrensprüfstands für das Bearbeiten mit dem Industrieroboter liegen.

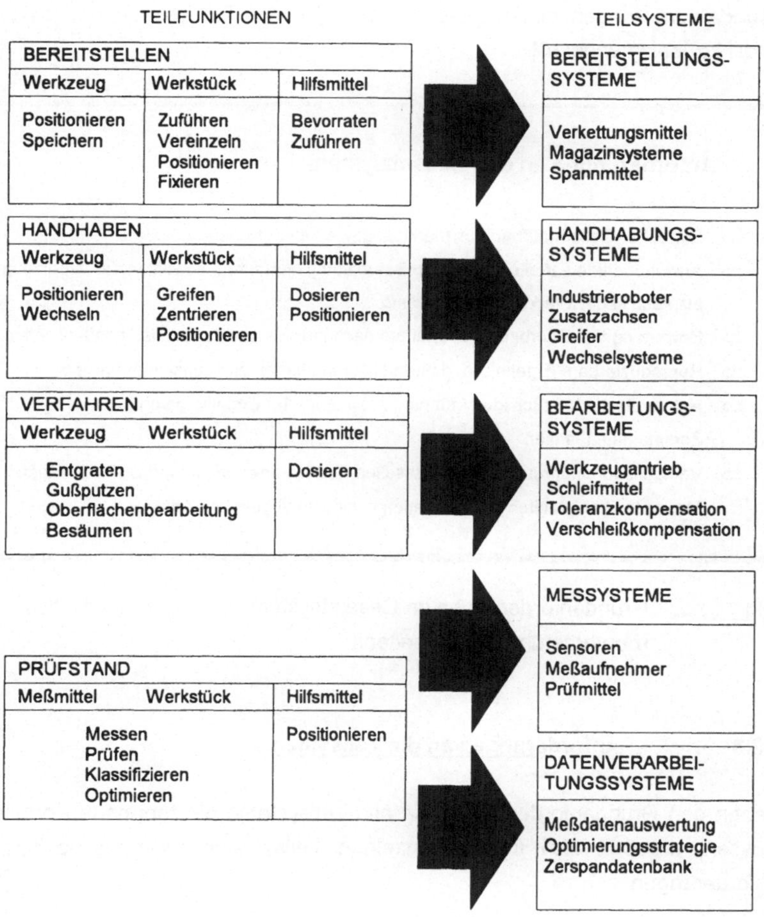

Bild 10 :   Zuordnung von Teilfunktionen und Teilsystemen

3.2.2   <u>Anforderungen an das Gesamtsystem</u>

Die Grundanforderungen an Gesamtsysteme zur Optimierung des robotergestützten Bearbeitens werden aus den Analyseergebnissen abgeleitet. Diese

Grundanforderungen gelten gleichermaßen für alle Teilsysteme und sind in
Bild 11 zusammengefaßt.

Anforderungen an das Gesamtsystem

$\Rightarrow$ Einfacher Gesamtaufbau aus marktgängigen Teilsystemen

$\Rightarrow$ Anwendbarkeit auf alle spanenden Bearbeitungsverfahren, sowohl in der Werkzeug-
als auch in der Werkstückhandhabung

$\Rightarrow$ Bewertung von Bearbeitungsverfahren nach ihrer Qualität und Leistungsfähigkeit

$\Rightarrow$ Reproduzierbare Ergebnisse, daher vollautomatische Versuchsdurchführung

$\Rightarrow$ Automatische Versuchsdurchführung mit integrierter Erstellung von
Zerspandatenbanken

$\Rightarrow$ Versuchsdurchführung unter realistischen Bedingungen wie im industriellen Einsatz

$\Rightarrow$ Minimale Umrüstzeiten bei Integration in industriell genutzte Anlagen

Bild 11 :   Grundanforderungen an Gesamtsysteme zur Optimierung des
robotergeführten Bearbeitens

3.2.3   Anforderungen an die Teilsysteme

Neben den Grundanforderungen, die alle Teilsysteme gleichermaßen erfüllen
müssen, ergeben sich für die einzelnen Teilsysteme funktionsspezifische
Anforderungen.

Bereitstellungssysteme müssen Werkstücke und Werkzeuge wiederholbar und
positionsgenau im Arbeitsraum des Industrieroboters plazieren. Die für die
Werkstücke erforderlichen Aufnahmen und Spannmittel sind für jede
Teilefamilie anzufertigende Sonderkonstruktionen. Sie können daher nur
begrenzt flexibel gestaltet werden und müssen im Rahmen der
Aufgabenstellung jeweils individuell gefertigt werden, so daß hier keine
Entwicklungsarbeiten erbracht werden können. Ebenso gehören Magazine zum

automatischen Einwechseln der Werkzeuge durch das Handhabungssystem heute zum Stand der Technik /37/.

Das Handhabungssystem muß programmierte räumliche Bahnen unter Einfluß der Bearbeitungskräfte mit hoher Bahngenauigkeit und Dynamik abfahren. Die Anforderungen sind verfahrensabhängig, können aber durch moderne Steuerungen weitgehend erfüllt werden. Zusätzlich lassen sich Probleme bei ungenügender Dynamik des Handhabungssystems durch Entwicklungen der Bearbeitungssysteme teilkompensieren, etwa durch den Einsatz nachgiebiger Werkzeuge. So werden im Bereich der Werkzeuge für den Robotereinsatz marktgängige Alternativen angeboten /38/.

Im Prüfstand sind die beiden Teilsysteme Meßsysteme und Datenverarbeitungssysteme enthalten. Im Teilsystem Meßsysteme werden fest installierte Sensoren (z.B. Kraft-Momenten-Sensoren) eingesetzt sowie eine vom Industrieroboter bewegte Meß- und Prüfsensorik. Hier sind robotertaugliche Verfahren einsetzbar, welche eine Entkopplung der Positionierfehler des Industrieroboters von der zu erfassenden Meßgröße gewährleisten /39, 40/. Die erforderlichen Sensoren sind durchweg am Markt erhältlich /41/.

Wie in Kapitel 2.2.4 gezeigt wurde, bestehen Lösungsansätze für Zerspanparameteroptimierungen und Datenbanksysteme nur im Bereich der Werkzeugmaschinen, so daß für diese Bereiche beim Bearbeiten mit dem Industrieroboter konkreter Entwicklungsbedarf besteht.

3.2.3.1 Anforderungen an Optimierungsverfahren

Die Optimierungsstrategie dient der zielgerichteten Einstellung der Zerspanparameter, um damit den Bearbeitungsprozeß und das Bearbeitungsergebnis zu optimieren. Zwar werden in der Literatur einzelne Bestimmungsgrößen wie Restgrathöhe oder Rauhtiefe erfaßt /42/, ein übergreifendes Kriterium, das für die zu untersuchenden Bearbeitungsverfahren anwendbar wäre, existiert jedoch nicht und muß als Grundlage für die Optimierung erarbeitet werden.

Anforderungen an das Optimierungsverfahren

$\Rightarrow$ Einfache Handhabung

$\Rightarrow$ Geringe Anzahl an Optimierungsschritten

$\Rightarrow$ Adaption auf alle relevanten Eingangskenngrößen

$\Rightarrow$ Anwendbarkeit auf die zu untersuchenden Bearbeitungsverfahren

$\Rightarrow$ Zielgerichtete Optimierung der für das Bearbeitungsergebnis relevanten Parameter

$\Rightarrow$ Beachtung kritischer Betriebszustände (Aufschmelzen des Werkstoffs, Rattern,...)

Bild 12 :   Anforderungen an das Optimierungsverfahren

3.2.3.2   Anforderungen an Komponenten des Prüfstands

In Anlehnung an die Definition von /43/ zu programmierbaren Gußputz-systemen besteht ein Verfahrensprüfstand aus folgenden Komponenten :

"Ein Verfahrensprüfstand zum robotergeführten Bearbeiten besteht aus einem Industrieroboter, der mit allen notwendigen mechanischen, elektrischen und programmtechnischen Komponenten ausgerüstet ist, um verschiedene mechanische Bearbeitungsverfahren automatisch auszutesten und zu optimieren."

Die zugehörigen Komponenten sind mit den erforderlichen maximalen Leistungskenndaten in Bild 13 dargestellt. Die Verfügbarkeit an Sensorik, Werkzeugen und Industrierobotersystemen wurde vorangehend bereits nach-gewiesen. Die Anforderungen an die Meßdatenerfassung können ebenso durch eine Vielzahl am Markt erhältlicher Lösungen, etwa als Einsteckkarte auf PC-Systemen, abgedeckt werden.

Anforderungen an Komponenten des Prüfstands

WERKZEUGE

Variable Drehzahlen 1000...50000 min^{-1}

Antriebsleistung 100...10 000 W

< 50 kW bei Werkstückhandhabung

SENSORIK

Kräfte < 1000 N

Momente < 500 Nm

Wege 0,05 mm..5 mm

Rauhtiefen < 1 µm

Drehzahlen < 80 000 min^{-1}

INDUSTRIEROBOTER

Vorschub 1 m/s bahngesteuert

Nennlast 10...1000 N

Positioniergenauigkeit < 0,2 mm

MESSDATENERFASSUNG

parallele arbeitende Meßkanäle

FFT-Analyse

Filter, Glättungsfunktionen

Grenzwertüberwachung

Bild 13 :   Anforderungen an die Komponenten des Verfahrensprüfstands

Die Komponenten des Verfahrensprüfstands können somit durch bereits beim Anwender vorliegende Hardwarekomponenten aufgebaut oder durch marktgängige Produkte ergänzt werden.

4   ENTWICKLUNG VON METHODEN ZUR QUALITÄTS-BEWERTUNG ROBOTERGEFÜHRTER BEARBEITUNGS-VERFAHREN

Ziel der Methoden zur Bewertung der Qualität robotergeführter Bearbeitungs-verfahren ist es, einen objektiven Maßstab zu bilden, mit dem konkurrierende Verfahren verglichen werden können und mit dem einzelne Verfahren nach ihrer Güte bewertet und optimiert werden können. Der Begriff der Qualität beim Bearbeiten mit dem Industrieroboter wird in diesem Zusammenhang ganzheitlich verstanden und mit den beiden Bewertungskriterien "Prozeß-qualität" und "Bearbeitungsqualität" beschrieben. Die Vorgehensweise zur Entwicklung von Kriterien zur Bewertung robotergeführter Bearbeitungs-verfahren zeigt Bild 14.

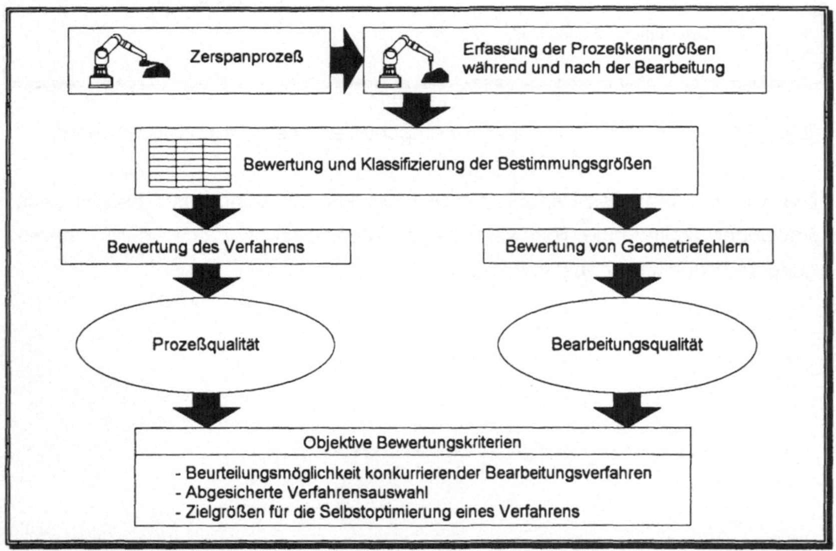

<u>Bild 14 :</u>   Vorgehensweise zur Bewertung robotergeführter Bearbeitungs-verfahren

Zur Bewertung der Bestimmungsgrößen von Prozeß- und Bearbeitungsqualität werden in Anlehnung an das Produktaudit /44/ Qualitätsklassen festgelegt, die eine übergreifende Bewertung ermöglichen. Diese Klassen werden von Klasse 1 für optimale Qualität bis Klasse 6 für mangelhafte Qualität abgestuft.

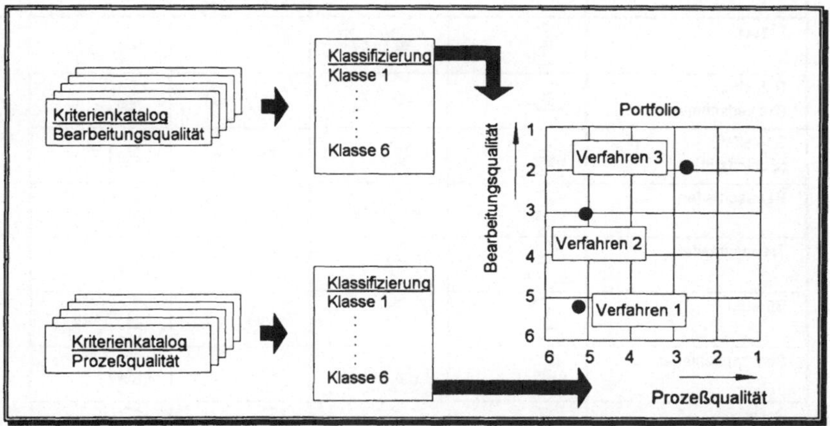

Bild 15 :   Vergleichende Bewertung robotergeführter Bearbeitungsverfahren

Die Klassifizierung wird später als Kriterium zur Optimierung von Zerspanparametern herangezogen. Darüberhinaus kann durch das Auftragen von Bearbeitungsqualität und Prozeßqualität in ein Portfolio eine Bewertung konkurrierender Bearbeitungsverfahren durchgeführt werden.

4.1   Ermittlung von Bewertungskriterien für die Bearbeitungsqualität

Um die Bestimmungsgrößen der Bearbeitungsqualität festzulegen, wird das in Kap. 3.1.3.2 eingegrenzte Spektrum an Bearbeitungsverfahren hinsichtlich der eingesetzten Bearbeitungsoperationen untersucht. Die Bearbeitungsoperationen werden systematisch unterteilt und die jeweils relevanten Bewertungskriterien bestimmt.

Bild 16 zeigt, daß sich die Bearbeitungsverfahren mit dem Industrieroboter in vier verschiedene Typen von Bearbeitungsoperationen einteilen lassen. Die für

Verfahrensbezogene Analyse von Bearbeitungsoperationen				
Bearbeitungsverfahren	Entgraten	Gußputzen	Oberflächen-bearbeitung	Besäumen
Fräsen	⊙	⊙⊙	⊝	⊙⊙
Schleifen (Schleifscheibe)	⊙	⊙⊙	⊙⊙	⊙
Schleifen (Schleifstift)	⊙	⊙	⊙⊙	⊙
Bandschleifen	⊙	⊙⊙	⊙⊙	⊙⊙
Trennschleifen	⊝	⊙	⊝	⊙
Bürsten	⊙	⊝	⊙	⊙⊙
Schruppschleifen	⊙	⊙⊙	⊙	⊙
Polieren	⊝	⊝	⊙	⊝

Symbol	Bearbeitungsoperationen		Bewertungskriterien
⊙	Entfernen von Graten Kantenverrundung	⬌	- Sekundärgratausprägung - Gratwelligkeit - Restgrathöhe - Rattermarken
⊙	Verschleifen von Formteilungen, Anguß-resten, Kernlagern, Sandabbrüchen auf das Niveau der Werkstückoberfläche	⬌	- Überstand Restmaterial - Einschliff - Oberflächenwelligkeit
⊙	Oberflächenverbesserung Gußhaut entfernen	⬌	- Oberflächenrauhigkeit - Oberflächenwelligkeit
⊙	Trennschnitt Ausschneiden	⬌	- Sekundärgratausprägung - Oberflächenwelligkeit
⊝	Werkzeug für Bearbeitungsoperation ungeeignet		

Bild 16 :   Verfahrensabhängige Bewertungskriterien für die Bearbeitungsqualität

die Bearbeitungsqualität jeweils relevanten Bewertungskriterien überschneiden sich für die verschiedenen Bearbeitungsoperationen und lassen sich insgesamt durch vier Merkmale beschreiben :

⇒ Sekundärgratausprägung,
⇒ Oberflächenrauhigkeit,
⇒ Oberflächenwelligkeit,
⇒ Nivellierungsverhalten.

Somit kann jedes robotergeführte Bearbeitungsverfahren durch Bewertung einer oder mehrerer dieser vier Kriterien objektiv in bezug auf die erreichte Bearbeitungsqualität eingestuft werden. Die Bewertungskriterien zur quantitativen Einordnung der Bearbeitungsqualität werden im folgenden systematisch hergeleitet.

4.1.1 Verfahren zur Ermittlung der Bewertungskriterien für die Bearbeitungsqualität

4.1.1.1 Sekundärgratausprägung

Beim Entfernen des eigentlichen Grats entsteht besonders bei Kombination von verschlissenem Werkzeug und weichem Werkstoff (wie z.B. Aluminium) ein Verschmieren des Werkstoffs über die Schnittkante hinweg. Das Entgratergebnis ist insofern unbefriedigend, als daß die entstandenen Sekundärgrate optisch nicht ansprechend sind, Funktionsflächen beeinträchtigen oder eine Verletzungsgefahr in sich bergen.

Die Quantifizierung der Sekundärgratausprägung kann durch eine möglichst genaue Volumenberechnung des Gratgebildes erzielt werden. Durch Anfertigen von mehreren Profilbildern der Gratquerschnittsfläche über die Gratlänge kann das Volumen relativ genau, jedoch mit hohem Aufwand ermittelt werden. Alternativ kann der Grat nach der maximalen Grathöhe und Gratbreite angetastet werden und hierauf basierend die Umhüllende um den Grat gelegt werden. Ein Mix aus beiden Varianten wird erzielt, wenn für gezielte Meßpunkte entlang des Grats jeweils die Flächenumhüllende gebildet wird, und durch Bildung des arithmetischen Mittels die mittlere Umhüllende des Grats berechnet wird.

Das vierte Verfahren erfaßt das Volumen der Sekundärgrate durch Wiegen der nachträglich entfernten Sekundärgrate oder durch Wiegen des Werkstücks mit und ohne Sekundärgrate.

Lösungs-variante	Prinzipdarstellung	Berechnungsgrundlage	Maß-einheit
1	A_{SA}, A_{SB}	Messung des Sekundärgratvolumens an n Profilschnitten, die den Abstand l_n zueinander aufweisen. Für jeden Profilschnitt werden die Gratflächen A_{SA} und A_{SB} gemessen. $$f_{sek} = \sum_{i=0}^{n} (A_{SA_i} + A_{SB_i}) \cdot l_n$$	[mm^3]
2	Hüllkörper	Volumen eines Hüllquaders um den Sekundärgrat mit den Kantenlängen q_l, q_b, q_h. $$f_{sek} = q_b \cdot q_h \cdot q_l$$	[mm^3]
3	g_{bA}, g_{hA}, A_{SB}, α_A, A_{SA}, α_B	Messung der Gratumhüllenden durch Grathöhe g_h, Gratbreite g_b und Kantenwinkel α. Mittelwertbildung über n Messungen. $$f_{sek} = \sum_{i=0}^{n} (A_{SA_i} + A_{SB_i})$$ $$A_{SA} = g_{hA} g_{bA} + \frac{1}{2} g_{hB}^2 \cdot \tan \alpha$$	[mm^2]
4		Sekundärgrate abtrennen, wiegen und Bestimmung des Volumens über das spezifische Gewicht des Werkstoffs. $$f_{sek} = \frac{G}{\gamma}$$	[mm^3]

Bild 17 :   Alternativen zur quantitativen Bestimmung von Sekundärgraten

4.1.1.2   <u>Oberflächenrauhigkeit</u>

Unter dem Begriff der Oberflächenrauhigkeit werden nachfolgend die nach DIN 4760 /45/ als Fehler 3. bis 5. Ordnung eingestuften Formabweichungen bezeichnet. Das Verhältnis von Wellenabstand zu Wellentiefe liegt nach dieser Definition im Bereich zwischen 100:1 und 5:1.

Die Bewertung der Oberflächenrauhigkeit kann durch Erfassung des Fehlvolumens zwischen der Istfläche, wie sie nach der Bearbeitung vorliegt, und der angestrebten Sollfläche gebildet werden. Hierzu ist ein Oberflächenprofil der bearbeiteten Fläche aufzunehmen und durch Differenzbildung zur Sollfläche das Fehlvolumen zu ermitteln.

Mit wesentlich weniger Meßaufwand kann die Bewertung über die gemittelte Rauhtiefe oder den Mittenrauhwert erfolgen.

Lösungs-variante	Prinzipdarstellung	Berechnungsgrundlage	Maß-einheit
1		Differenz zwischen Soll- und Istfläche durch Auswertung des Oberflächenprofils nach der Bearbeitung.	$[mm^3]$
2		Gemittelte Rauhtiefe R_z über fünf Meßwerte. $$R_z = \frac{U_1 + U_2 + U_3 + U_4 + U_5}{5}$$	$[\mu m]$
3		Mittenrauhwert $R_a = \frac{1}{l} \int_0^l |y(x)| dx$ Arithmetischer Mittelwert der absoluten Beträge der Abstände y des Rauheitsprofils von der mittleren Linie der Meßstrecke.	$[\mu m]$

__Bild 18 :__   Alternativen zur quantitativen Bestimmung der Oberflächenrauhigkeit

4.1.1.3   __Oberflächenwelligkeit__

Die Oberflächenwelligkeit wird nach DIN 4760 /46/ als Gestaltsabweichung 2. Ordnung eingeteilt mit der Verhältnisspannbreite Wellenabstand zu

Wellentiefe von 1000:1 bis 100:1. Beurteilt werden mit diesem Bewertungskriterium makroskopische Merkmale wie Rattermarken oder Riefenbildung. Die Alternativen zur Bestimmung der Oberflächenwelligkeit werden analog zur Oberflächenrauhigkeit in Kap. 4.1.1.2 übernommen.

4.1.1.4   <u>Nivellierungsverhalten</u>

Beim Verschleifen von Graten, Angüßen, Formteilungen, Sandabbrüchen etc. wird angestrebt, das überstehende Restmaterial an den Verlauf des Grundmaterials anzugleichen. Das Nivellierungsverhalten bewertet die Güte der erzielten Einebnung des Materialüberstands. Störgröße sind das verbleibende Restmaterial des einzuebnenden Konturbereichs sowie unerwünschte Einschliffe in das angrenzende Grundmaterial (Bild 19).

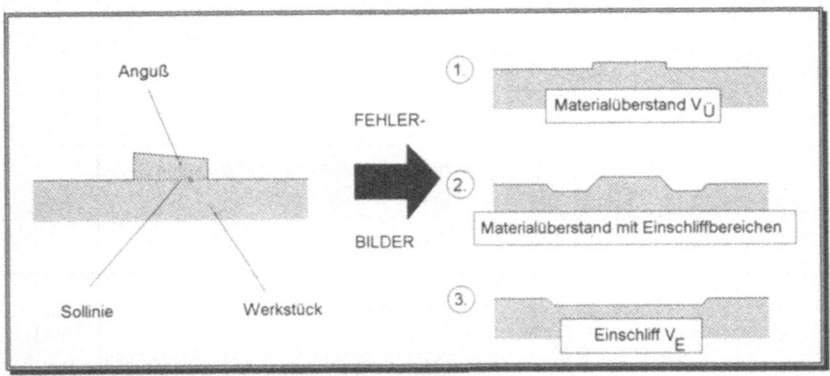

<u>Bild 19 :</u>   Fehlerbilder beim Einnivellieren von Materialüberständen

Zur Bewertung des Nivellierungsverhaltens kann die mittlere Höhenabweichung des Sollwerts vom Istwert entlang einer oder mehrerer Abtastlinien über die Bearbeitungsstelle herangezogen werden. Um eine Klassifizierung unabhängig von der absoluten Größe der Bearbeitungsstelle zu erzielen, ist die Normierung der mittleren Höhenabweichung auf die maximale Höhe des abzutragenden Materials vorzunehmen.

Als Alternative läßt sich die Größe der Fläche verwenden, auf welcher Fehl-
bearbeitungsstellen in Form von Materialüberständen oder Einschliffen aufge-
treten sind. Als weitere Möglichkeit zur Bewertung des Nivellierverhaltens kann
analog zur Fehlflächendefinition das zuviel bzw. zuwenig abgetragene Volumen in bezug auf die Solloberfläche des Werkstücks aufsummiert werden.

Sowohl bei der Flächen- als auch der Volumenbetrachtung ist eine Normierung
auf die Fläche bzw. das Volumen der Bearbeitungsstelle erforderlich, um in der
Klassifizierung unabhängig von der Größe der Bearbeitungsstelle zu sein.

Lösungs-variante	Prinzipdarstellung	Berechnungsgrundlage	Maß-einheit
1		Summe der mittleren Höhenfehler bezogen auf die höchste Erhebung des zu zerspanenden Volumens. $$f_{niv} = \frac{h_m}{h_0}$$	[-]
2		Verhältnis Fehlfläche zu Grundfläche A_0 des abzutragenden Werkstoffs. $$f_{niv} = \frac{A_{ü} + A_E}{A_0}$$	[-]
3		Fehlvolumina bezogen auf das abzutragende Volumen V_0. $$f_{niv} = \frac{V_{ü} + V_E}{V_0}$$	[-]

<u>Bild 20 :</u>   Alternativen zur quantitativen Bestimmung der Nivellierungs-
qualität

4.1.2   <u>**Festlegung der Bestimmungsgrößen der Bearbeitungs-**</u>
<u>**qualität**</u>

Die aufgezeigten Varianten zur Erfassung der Bestimmungsgrößen der Bearbeitungsqualität werden nach ihrer Anwendbarkeit innerhalb des Verfahrensprüfstands bewertet und ausgewählt.

Bestimmungs-größe	Notwendige Sensoren	Messung automatisierbar	Aufwand zur Meßdurch-führung	Aussagefähig-keit	Ausge-wählte Variante
Sekundärgratausprägung					
Gratvolumen	Laserscanner Bildverarbeitung	nein	sehr hoch durch Profil-schnitte	++	
Gesamtgrat-umhüllende	Meßtaster	ja	gering	+	☞
Gratflächen-umhüllende	Meßtaster	ja	nur bei gera de Kanten-verlauf gering	+	
Wiegen der Grate	Waage	nur bedingt	mittel	++	
Oberflächenrauhigkeit					
Volumendifferenz Soll-Istfläche	Laserscanner	ja	sehr hoch	+	
Gemittelte Rauhtiefe	Tastschnittsystem	ja	gering	+	☞
Mittenrauhwert	Tastschnittsystem	ja	gering	o	
Oberflächenwelligkeit					
Volumendifferenz Soll-Istfläche	Laserscanner	ja	sehr hoch	+	
Gemittelte Rauhtiefe	Tastschnittsystem Meßtaster	ja	gering	+	☞
Mittenrauhwert	Tastschnittsystem Meßtaster	ja	gering	o	
Nivellierungsverhalten					
Mittlerer Höhenfehler	Meßtaster	ja	gering	+	☞
Fehlfläche zu Ge-samtgrundfläche	Bildverarbeitung	problematisch	hoch	o	
Fehlvolumen zw. Ist- und Sollfläche	Laserscanner	problematisch	hoch	+	

Bild 21 : Auswahl der Bestimmungsgrößen für die Bearbeitungsqualität

Wie Bild 21 zeigt, schwankt der Aufwand für die sensorische Erfassung der Bestimmungsgrößen der Bearbeitungsqualität von einfachen Meßtastern bis zu aufwendigen Bilderkennungssystemen. Um die Forderung nach einfacher Integrierbarkeit des Verfahrensprüfstands in eine bestehende Anlage zu erfüllen, werden die Alternativen ausgewählt, die bei einfach zu handhabender Sensorik gleichzeitig eine gute Aussagefähigkeit erzielen. Schlecht automatisierbare Meßsysteme wurden auch bei einer hohen Aussagefähigkeit ausgeschlossen.

Für die ausgewählten Bestimmungsgrößen ist in Bild 22 eine Einteilung in das Klassifizierungssystem dargestellt, die auf Erfahrungswerten basiert. Die Wertebereiche der einzelnen Klassen sind nur als Grenzwerte, nicht jedoch als feinstmögliche Rasterung des Klassifizierungssystems zu verstehen. So ist eine weitere Unterteilung der Klassen - beispielsweise Klasse 3,2 - möglich und ist auch bei Anwendungen wie der Optimierung der Bearbeitungsqualität von der Auflösung her doppelt erforderlich.

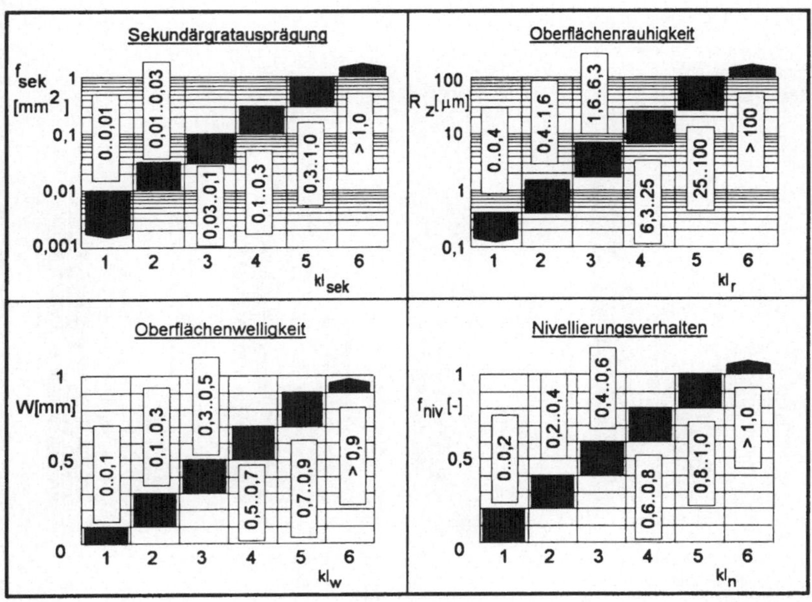

Bild 22 :   Klassifizierung der Bestimmungsgrößen der Bearbeitungsqualität

4.1.3   Gewichtung der Bestimmungsgrößen der Bearbeitungsqualität

Die Bestimmungsgrößen Sekundärgratausprägung, Oberflächenrauhigkeit, Oberflächenwelligkeit und Nivellierungsverhalten können nun aufgrund der vorangegangenen Ausführungen objektiv bewertet werden. Da die Bearbeitungsteilbereiche Entgraten, Gußputzen, Oberflächenbearbeitung und Besäumen jedoch eine unterschiedliche Priorität an die einzelnen Bestimmungsgrößen stellen, muß eine anwendungsabhängige Gewichtung durchgeführt werden. Diese Gewichtung wird durch paarweisen Vergleich aller Bestimmungsgrößen untereinander erzielt. Die hieraus resultierenden anwendungsspezifischen Gewichtungsfaktoren fb_1 bis fb_4 werden bei Berechnung der Bearbeitungsqualität Q_B auf die einzelnen Bestimmungsgrößen beaufschlagt.

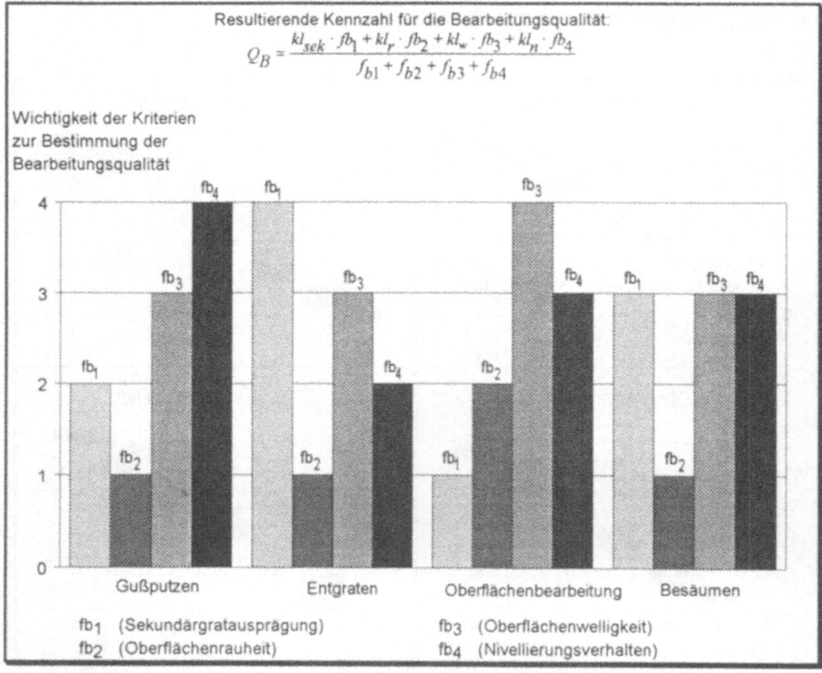

<u>Bild 23 :</u>   Gewichtung der Bestimmungsgrößen der Bearbeitungsqualität

Die Berechnungsgrundlage der Bearbeitungsqualität Q_B in Bild 23 bewertet alle in einem Verfahren möglichen Fehlerbilder. Treten bei einem Verfahren nicht alle Fehlerbilder zugleich auf, etwa keine Sekundärgratbildung beim Polieren einer Oberfläche, so ist diesem Sachverhalt durch Nullsetzen der entsprechenden Bestimmungsgrößen Rechnung zu tragen.

4.2   Ermittlung von verfahrensabhängigen Bewertungskriterien für die Prozeßqualität

Die Prozeßqualität beschreibt die Leistungsfähigkeit und Eignung eines Verfahrens für den Robotereinsatz. Die Bewertung erfolgt einerseits durch die werkzeugseitig vorliegenden Kenndaten des Abtragsverhaltens und der Standzeit. Durch die Bewegungsführung mit dem Industrieroboter müssen andererseits die hieraus resultierenden Einflüße auf den Industrieroboter selbst in Form von Bearbeitungskräften bewertet werden.

Ferner müssen die Einflüsse der steifigkeitsbedingten Positionierfehler des Industrieroboters auf den Prozeß durch das Toleranzverhalten bewertet werden (Bild 24). Die Bestimmungsgrößen werden nachfolgend hinsichtlich Bestimmungsalternativen untersucht, bewertet und gemäß dem vorgestellten Klassifizierungssystem eingeteilt.

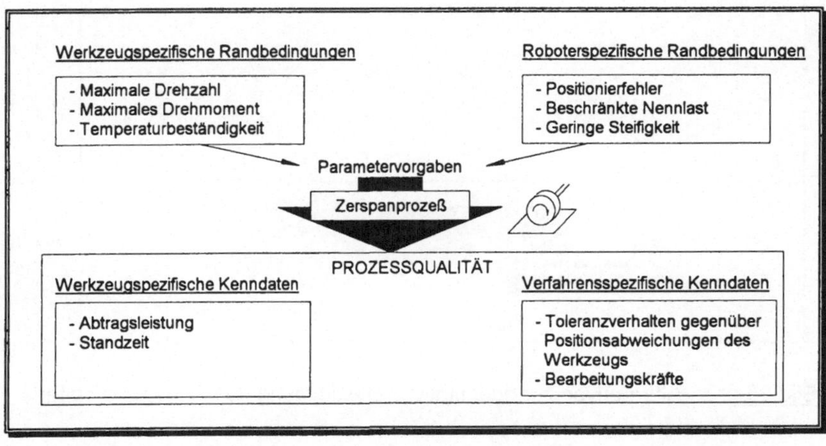

Bild 24 :   Bestimmungsgrößen der Prozeßqualität

4.2.1   Verfahren zur Ermittlung der Bewertungskriterien für die Prozeßqualität

4.2.1.1   Abtragsleistung

Die Bestimmung des Abtragsverhaltens erfolgt durch Messung des zerspanten Volumens bezogen auf die hierfür benötigte Zeit. Bei der Versuchsdurchführung ist maßgeblich, daß das Werkzeug mit seiner ganzen Schneide im Eingriff ist, um das maximal mögliche Abtragsverhalten eines Werkzeugs zu erhalten. Ist nur ein Teil der Schneide in Eingriff, etwa beim Fräsen von Probenblechen, so ist bei genügender Antriebsleistung eine Hochrechnung auf die gesamte Werkzeuglänge zulässig.

Lösungs-variante	Prinzipdarstellung	Berechnungsgrundlage	Maß-einheit
1		Zeitbezogenes Abtragsvolumen bei bekannter Werkstückgeometrie. $$V' = \frac{b_{wz} \cdot h \cdot l}{t}$$	$[mm^3/s]$
2		Zeitbezogenes Abtragsvolumen bei unbekannter Werkstückgeometrie und voller Ausnutzung der Werkzeugschnittfläche. A wird sensorisch erfaßt. $$V' = \frac{A \cdot b_{wz}}{t}$$	$[mm^3/s]$
3		Gewichtsabnahme ΔG des Werkstücks durch Wiegen vor und nach der Bearbeitung und Messung der Bearbeitungsdauer t. $$V' = \frac{\Delta G \cdot \gamma}{t}$$	$[mm^3/s]$

Bild 25 :   Alternativen zur quantitativen Bestimmung des Abtragsverhaltens

Die Messung des Zerspanvolumens erfolgt bei Werkstücken mit bekannter Geometrie entweder durch direkte Erfassung der geänderten Längenmasse, oder bei unbekannter Werkstückgeometrie durch ein vollständiges Abscannen der Oberflächenkontur vor und nach der Bearbeitung. Ferner besteht bei großen Abtragsraten die Möglichkeit, das abgetragene Volumen durch Wiegen zu erfassen.

4.2.1.2   Standzeit

Nachfolgend wird zwischen Bearbeitungsverfahren mit Schneidenverschleiß (Abnahme der Schneidfähigkeit) und Werkzeugen mit geometrischem Verschleiß (Abnahme des Schleifkörpervolumens) unterschieden.

Die Standzeit ist in DIN 6583 /46/ als die Eingriffsdauer definiert, bis zu welcher ein bestimmtes Standkriterium erreicht wird. Das Standkriterium beurteilt am Werkzeug meßbare Verschleißgrößen, am Werkstück meßbare Veränderungen oder im Zerspanvorgang geänderte Größen. Generell gilt wie bei der Betrachtung der Abtragsleistung, daß bei der Messung die gesamte Werkzeugschneide im Eingriff zu sein hat oder andernfalls eine Hochrechnung auf die gesamte Schneide erfolgt.

Lösungs-variante	Prinzipdarstellung	Berechnungsgrundlage	Maß-einheit
1		Kriterium bei geometrischem Verschleiß: Vollständiger Abrieb des Schleifmittels.	[s]
2	Abtragsleistung	Kriterium bei Schneidenverschleiß: Abtragsleistung ist um eine Klasse abgesunken.	[s]
3	Bearb. qualität	Kriterium bei Schneidenverschleiß: Bearbeitungsqualität ist um eine Klasse abgesunken.	[s]

<u>Bild 26 :</u>   Alternativen zur quantitativen Bestimmung der Standzeit

Das Standzeitkriterium bei Werkzeugen mit geometrischem Verschleiß ist die Abnutzung des Schleifkörpervolumens auf ein festzulegendes Restvolumen. Bei Werkzeugen mit Schneidkantenverschleiß kann als Standzeitkriterium entweder der Abfall des Abtragsverhaltens oder eine verschlechterte Bearbeitungsqualität als Kriterium herangezogen werden.

4.2.1.3 <u>Toleranzverhalten</u>

Bei Bearbeitungsverfahren mit dem Industrieroboter ist der Toleranzkompensationsfähigkeit eines Verfahrens besondere Bedeutung beizumessen, da eine Applikation eine höhere Prozeßsicherheit erlangt, wenn das Bearbeitungsverfahren die auftretenden Bahnungenauigkeiten des Industrieroboters sowie Werkstück- und Spanntoleranzen kompensieren oder abschwächen kann. Zusätzlich wird die Teach-in-Programmierung durch ein günstiges Toleranzverhalten wesentlich vereinfacht und die Stillstandszeiten des Industrieroboters minimiert.

Lösungs-variante	Prinzipdarstellung	Berechnungsgrundlage	Maß-einheit
1	ohne Toleranz — mit Toleranz ΔV +/-10%	Kriterium: Bei Erreichen der Abweichung s_{to} ist das Zerspanvolumen um 10% verändert.	[mm]
2	Bearbeitungsqualität Klasse n $\Rightarrow$ Klasse n-1	Kriterium: Bei Erreichen der Abweichung s_{to} ist die Bearbeitungsqualität um eine Klasse abgesunken.	[mm]
3	F	Kriterium: Bei Erreichen der Abweichung s_{to} ändert sich die Summe der Bearbeitungskräfte um 10%.	[mm]

<u>Bild 27 :</u>   Alternativen zur quantitativen Bestimmung des Toleranzverhaltens

Für ein zu bewertendes Verfahren sind gezielt Abweichungen s_{to} in festgelegten Richtungen in den Prozeß einzubringen. Dies sind die beiden zur Vorschubrichtung senkrecht stehenden Vektoren, wobei ein Vektor senkrecht zur Werkstückoberfläche liegt. Die Auswirkungen der Abweichungen auf den Prozeß sind entweder an geändertem Zerspanvolumen, Bearbeitungsqualität oder Reaktionskräften meßbar. In jede der beiden Vektorrichtungen wird die Abweichung so stark vergrößert, bis eines der obigen Kriterien erfüllt ist. Die Vektorsumme der beiden Zustellbewegungen bewertet dann das Toleranzverhalten des untersuchten Verfahrens.

4.2.1.4   Bearbeitungskräfte

Aufgrund der beschränkten Traglast von Industrierobotern ist die Reaktionskraft des Verfahrens eine wichtige Kenngröße, zumal die Gerätekosten an die zunehmende Traglast durch die aufwendigere kinematische Konstruktion gekoppelt sind. Die Wirtschaftlichkeit einer Applikation kann somit von den Kosten der einzusetzenden Kinematik abhängen. Zur Bewertung der Bearbeitungskräfte wird die vektorielle Summe aller durch den Prozeß entstehenden Kräfte am Werkzeugeingriffspunkt gebildet. Das Gewicht des Werkzeugs selbst wird in die Betrachtung nicht einbezogen, um eine Vergleichsmöglichkeit zwischen Verfahren in Werkstück- und Werkzeughandhabung zu erreichen.

4.2.2   Festlegung der Bestimmungsgrößen der Prozeßqualität

Die aufgezeigten Varianten zur quantitativen Erfassung der Bestimmungsgrößen der Prozeßqualität werden hinsichtlich ihrer Anwendbarkeit innerhalb des Verfahrensprüfstands bewertet und ausgewählt.

Zur Bewertung der Standzeit werden je nach Verschleißverhalten des Werkzeugs (geometrischer Verschleiß / Schneidenverschleiß) wahlweise die Dauer bis zum Verschleiß des Schleifkörpers oder die Abnahme der Bearbeitungsqualität verwendet. Durch letzteres Kriterium wird auf einfache Weise sowohl dem Abfall der Schneidfähigkeit durch höhere Sekundärgratbildung als auch

der Abnahme der Abtragsleistung durch ein schlechteres Nivellierungsverhalten Rechnung getragen.

Bestimmungs-größe	Notwendige Sensoren	Messung automatisierbar	Aufwand zur Meßdurchfüh-rung	Aussagefähig-keit	Ausge-wählte Variante
Abtragsleistung					
Abtragsleistung bei bekannt .Geo.	Meßtaster und Uhr	ja	gering	++	☞
Abtragsleistung bei unbek. Geo.	Meßtaster und Uhr	ja	mittel	++	☞
Abtragsleistung durch Wiegen	Waage und Uhr	ja	gering	O	
Werkzeugstandzeit					
Volumenabnahme Schleifmittel	Lichtschranke Meßtaster	ja	gering	++	☞
Abnahme der Abtragsleistung	Meßtaster und Uhr	ja	mittel	+	
Abnahme der Be-arbeitungsqualität	Meßtaster Laserscanner	ja	mittel	O	☞
Toleranzverhalten					
Änderung des Zerspanvolumens	Meßtaster	ja	mittel	O	
Änderung in der Bearbeitungsqual.	Meßtaster Laserscanner	ja	mittel	++	☞
Änderung der Be-arbeitungskräfte	K/M-Sensor	ja	gering	O	
Bearbeitungskräfte					
Kräfte am IR-Handflansch	K/M-Sensor	ja	gering	++	☞

<u>Bild 28 :</u>   Auswahl der Bestimmungsgrößen für die Prozeßqualität

Für die ausgewählten Bestimmungsgrößen wird eine Einteilung in das vorge-
stellte Klassifizierungssystem (Bild 29) festgelegt.

Beim Toleranzverhalten repräsentiert Klasse 6 Verfahren, bei denen eine
Abweichung in der Größenordnung der Wiederholgenauigkeiten von Bearbei-
tungsrobotern bereits eine Abstufung in eine niederere Qualitätsklasse bewirkt.
Ein Verfahren mit dem Toleranzverhalten Klasse 1 dagegen läßt ohne Einbuße
an Bearbeitungsqualität Abweichungen zu, die die Summe aller zu erwartenden Toleranzen und Störeinflüße übertrifft.

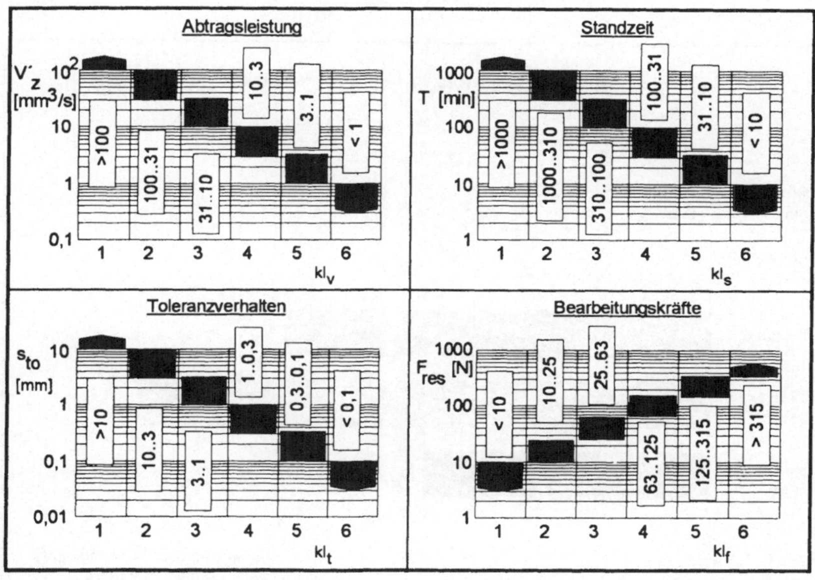

Bild 29 :   Klassifizierung der Bestimmungsgrößen der Prozeßqualität

4.2.3   Gewichtung der Bestimmungsgrößen der Prozeßqualität

Im Gegensatz zur Bearbeitungsqualität kann die Bewertung der Prozeßqualität unabhängig von der jeweiligen Applikation durchgeführt werden, da Abtragsleistung, Standzeit, Toleranzverhalten und Bearbeitungskräfte keine verfahrensspezifisch zu wichtenden Bewertungsfaktoren darstellen.

Die Bewertungsfaktoren werden gemäß nachfolgender Tabelle durch paarweisen Vergleich gewichtet und auf das Klassifizierungssystem mit sechs Klassen normiert.

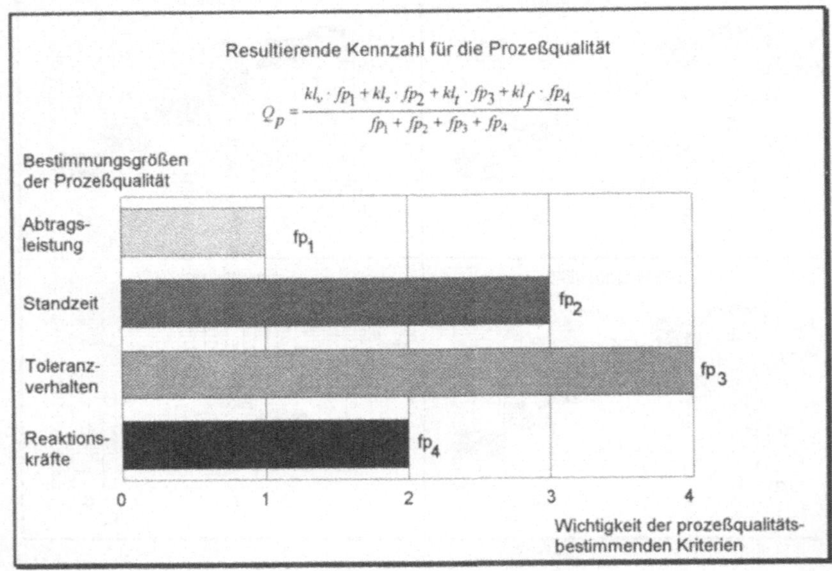

$$Q_p = \frac{kl_v \cdot fp_1 + kl_s \cdot fp_2 + kl_t \cdot fp_3 + kl_f \cdot fp_4}{fp_1 + fp_2 + fp_3 + fp_4}$$

<u>Bild 30 :</u>   Gewichtung der Bestimmungsgrößen für die Prozeßqualität

5.1   Konzeption des Gesamtsystems

Die Hardware eines Verfahrensprüfstands für das Bearbeiten mit dem Industrieroboter baut auf marktgängigen Komponenten auf. Die prinzipielle Anordnung der einzelnen Funktionskomponenten ist jedoch davon abhängig, ob Verfahren zur Werkstück- oder zur Werkzeughandhabung eingesetzt werden.

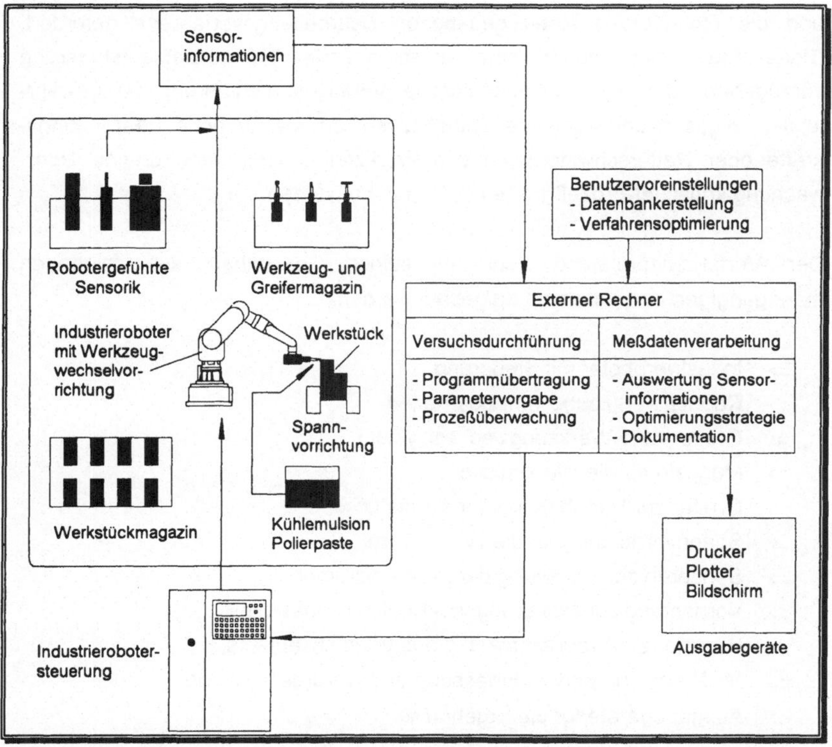

<u>Bild 31:</u>   Prinzipieller Gesamtaufbau des Verfahrensprüfstands am Beispiel der Werkzeughandhabung

Bei der Werkzeughandhabung erfordert das fest eingespannte Werkstück die Führung von Sensorik und Werkzeugen durch den Industrieroboter, so daß eine Werkzeugwechselvorrichtung einzusetzen ist. Bei der Werkstückhandhabung ist prinzipiell ein fest am Roboterflansch installierter Werkstückgreifer ausreichend, um das Werkstück an die stationär montierten Werkzeuge und Sensoren zu führen. Generell sind jedoch Mischformen möglich, bei denen Werkstücke, Sensoren oder Werkzeuge nacheinander oder abwechselnd vom Industrieroboter gehandhabt werden.

Aus der Analyse (Kap. 3.2) sind zwei Betriebsmodi, die Datenbankerstellung und die Optimierung eines gegebenen Bearbeitungsverfahrens gefordert. Diese Modi sind durch eine entsprechende Versuchsablaufsteuerung vorzugeben. Um eine vollautomatische Versuchsdurchführung zu gewährleisten, müssen unerwünschte Betriebszustände wie zu hohe Bearbeitungskräfte oder Ratterschwingungen des Werkzeugs durch eine on-line Überwachung kritischer Prozeßgrößen durchgeführt werden.

Der Verfahrensprüfstand kann in seiner Gesamtheit aus folgenden marktgängigen Komponenten aufgebaut werden:

$\Rightarrow$ Industrieroboter mit Steuerung,

$\Rightarrow$ Roboterwerkzeuge zum Bearbeiten,

$\Rightarrow$ Greifer- und Werkzeugwechselsystem,

$\Rightarrow$ Magazin für die Werkstücke,

$\Rightarrow$ Greifer zur Handhabung der Werkstücke,

$\Rightarrow$ Spannvorrichtung für die Werkstücke,

$\Rightarrow$ Sensoren zur Erfassung der Prozeßparameter,

$\Rightarrow$ Vorrichtung zur Dosierung von Kühlmittelflüssigkeit,

$\Rightarrow$ Rechner zur Programmierung des Versuchsablaufs,

$\Rightarrow$ Meßkarte zur Meßwerterfassung und -verarbeitung und

$\Rightarrow$ Ausgabegeräte für die Ergebnisse.

Die Zerspanversuche selbst können in Abhängigkeit von den in Bild 32 gezeigten Kriterien wahlweise an realen Werkstücken oder an Versuchswerkstücken (Probenbleche, Halbzeuge) durchgeführt werden.

Originalwerkstücke Werkstücke aus laufender Produktion	Versuchswerkstücke Werkstücke mit definierten Eigenschaften
• Vorzugsweise bei Bestimmung der Bearbeitungsqualität • Ausnutzung vorhandener Greif- und Spannsysteme • Produktionsnahe Bedingungen • Anfertigung von Versuchswerkstücken zu aufwendig	• Bessere Magazinierbarkeit bei großen Losen • Vereinfachung von Zerspanvolumen-messungen • Standzeitmessungen • Gute Zugänglichkeit • Schonung von Werkstücken mit hohem Fertigungswert

Bild 32 : Kriterien zur Durchführung von Zerspanversuchen an Original- oder Versuchswerkstücken

5.2 Konzeption der steuerungstechnischen Struktur

In Kap. 3 wurden die Anforderungen an den Verfahrensprüfstands festgelegt. Um den Versuchsablauf gemäß diesen Anforderungen durchführen zu können, sind folgende Teilschritte erforderlich:

Teilschritt-nummer	Teilschrittebezeichnung	Funktionsinhalt des Teilschritts
1	Konfigurierung	Festlegung des Versuchsablaufs
2	Prozeßüberwachung	Erkennung kritischer Zustände und Aktivierung von Störfallstrategien
3	Prozeßdurchführung	Zerspanversuch mit ausgewählten Parametern, Teilebereitstellung
4	Meßdatenerfassung	Sensorische Erfassung relevanter Meßdaten vor, während und nach der Bearbeitung
5	Meßdatenauswertung	Ermittlung der Bestimmungsgrößen für die Prozeß- und Bearbeitungsqualität, Datenbankerstellung, Optimierungsalgorithmen
6	Dokumentation	Datenbankausdrucke Optimierungsprotokolle

Bild 33 : Teilschritte eines Zerspanversuchs auf dem Verfahrensprüfstand

Die Umsetzung dieser Teilschritte durch ein geeignetes Steuerungskonzept wird nachfolgend durch Gegenüberstellung und Bewertung von unterschiedlichen Steuerungsstrukturen abgesichert. Als zentrale Steuerungskomponente wird jeweils die Industrierobotersteuerung eingesetzt, die je nach

Struktur durch einen externen Rechner ergänzt werden kann. Hieraus lassen sich vier grundlegende Strukturvarianten bilden (Bild 34).

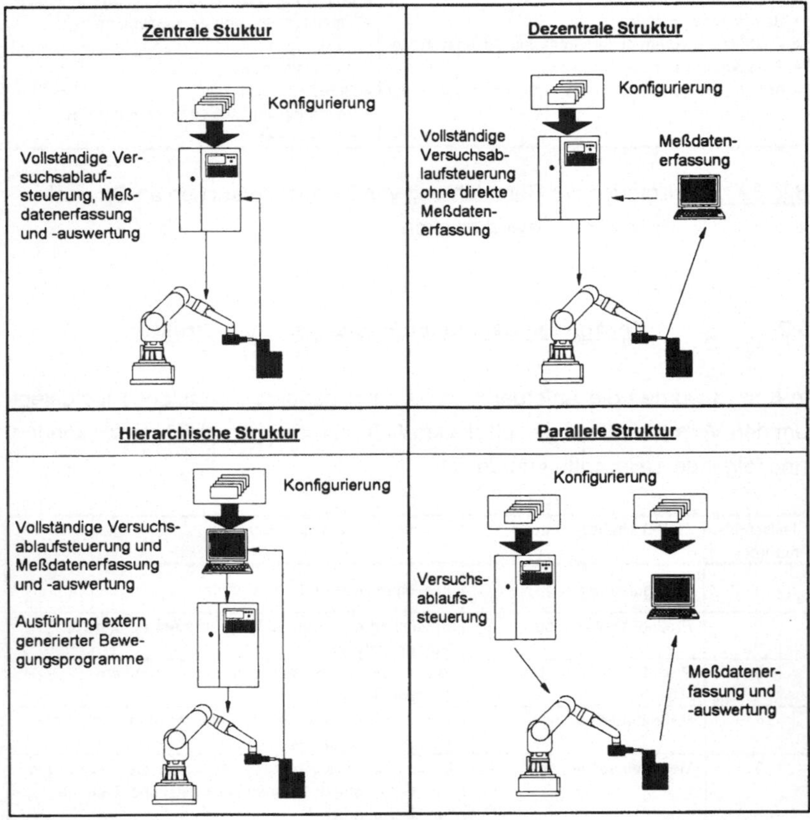

Bild 34:   Grundlegende steuerungstechnische Varianten des Verfahrensprüfstands

In der zentralen Struktur wird der gesamte Versuchsablauf durch die Robotersteuerung realisiert. Diese Lösung ist jedoch nur für einfache Versuchsabläufe praktikabel, da Funktionen wie die Erfassung von zeitlich abhängigen Meßgrößen, aufwendige Algorithmen zur Meßdatenverarbeitung oder programmtechnische Umsetzung des Versuchsablaufs mit marktgängigen

Steuerungen bisher nicht durchführbar sind. Je nach gefordertem Versuchsablauf übernimmt der externe Rechner Teilfunktionen, die nicht oder nur unbefriedigend in die Robotersteuerung implementiert werden können. Die Funktion des externen Rechners reicht hierbei vom einfachen Meßdatenerfassungssystem in der dezentralen Struktur bis zum DNC-Rechner in der hierarchischen Struktur, wo bis auf die Interpretation der Bewegungsprogramme durch die Robotersteuerung der gesamte Ablauf über diesen Rechner gesteuert und koordiniert wird.

Kriterium \ Variante	Zentrale Struktur						Dezentrale Struktur						Hierarchische Struktur						Parallele Struktur					
Teilschrittnummer	1	2	3	4	5	6	1	2	3	4	5	6	1	2	3	4	5	6	1	2	3	4	5	6
Aufgabenumfang IR-Steuerung	⊗	⊗	⊗	⊗	⊗	⊗	⊗	⊗	⊗	⊗	⊗	⊗	O	⊗	⊗	O	O	O	⊗	⊗	⊗	O	O	O
Lösbar mit marktgängigen Komponenten	0	+	+	-	0	-	0	+	+	0	-	-		+	+				0	+	+			
Aufgabenumfang externer Rechner	O	O	O	O	O	O	O	⊗	O	⊗	O	O	⊗	⊗	O	⊗	⊗	⊗	⊗	O	O	⊗	⊗	⊗
Lösbar mit marktgängigen Komponenten								+		+			+	+		+	+	+	+			+	+	+
Automatischer Versuchsablauf	abhängig von Steuerungsfunktionen						abhängig von Steuerungsfunktionen						ja						weitgehend					
Stillstandszeiten bei Integration in industr. Anlage	sehr hoch durch aufwendige, maschinennahe Programmierung						hoch durch aufwendige, maschinennahe Programmierung						gering durch externe Programmerstellung						mittel					
Besondere Systemanforderungen	Steuerung mit extremem Funktionsumfang						Schnittstelle Sensorrechner-Robotersteuerung						DNC-Schnittstelle, steuerungsspezifischer Programmeditor						Manuelle Versuchskoordination					
Gesamtbewertung	Mit marktüblichen Komponenten nur einfache Teilfunktionen realisierbar						aufwendige IR-Programmierung zur Versuchsdurchführung						Minimale Stillstandszeiten						Unkomfortabel durch manuelle Versuchskoordination					

⊗ Für Teilfunktion geeignet   + voller Funktionsumfang realisierbar
O Für Teilfunktion ungeeignet   0 nur Teilfunktionen realisierbar
                                 - ungeeignet

Bild 35 : Bewertung der Steuerungskonzepte des Verfahrensprüfstands

Welche Konzeptvariante einzusetzen ist, hängt letztendlich davon ab, ob Untersuchungen an einem Laboraufbau oder einer industriell genutzten Anlage erfolgen sollen und welcher Versuchsumfang durchzuführen ist. Hierbei zeigt sich, daß nur die hierarchische Struktur einen vollautomatischen Versuchsablauf ermöglicht. Zugleich garantiert diese Variante minimale Stillstandszeiten des Industrieroboters zur Programmerstellung, da hier sämtliche Bewegungsprogramme off-line erstellt werden können.

Diese Strukturvariante eignet sich somit am besten für einen Verfahrensprüfstand, der für den gezielten Einsatz an verschiedenen Anlagen, Applikationen und Versuchsanforderungen auszulegen ist. Die anderen Varianten lassen sich bevorzugt zur Untersuchung einer speziellen Problematik an einer einzelnen bestehenden Anlage einsetzen und sind durch den in die Steuerung implementierten Funktionsumfang in der Komplexität des Versuchsablaufs eingeschränkt.

5.3   Konzeption einer Zerspandatenbank für das Bearbeiten mit dem Industrieroboter

Bei Ablage von Zerspanparametern in einer Datenbank müssen hardwarespezifische Eigenschaften ausgefiltert werden. Insbesondere bei den Versuchsparametern Zustelltiefe und Spindeldrehzahl sind nicht die Nenngrößen, wie sie vor Versuchsbeginn eingestellt wurden, relevant sondern die tatsächlich im Zerspanprozeß vorliegenden Istwerte. Bedingt durch die Nachgiebigkeit der Roboterkinematik und das M-n-Kennlinienfeld des Antriebs entstehen hier hardwarespezifische Abweichungen vom eingestellten Sollwert.

Die Vorschubgeschwindigkeit des Industrieroboters unterliegt zwar Regelkreisschwingungen, doch kann die gemittelte Geschwindigkeit entlang der zu bearbeitenden Kontur als hinreichend konstant angenommen werden. Ebenso kann die Anpreßkraft zwischen Werkzeug und Werkstück bei Verwendung nachgiebiger Aufhängungen als konstant angenommen werden, da als Stellelemente bevorzugt Druckluftzylinder mit einer von der Einfederung unabhängigen Rückstellkraft eingesetzt werden (Kap 2.2.2). Der Einsatz von federnden Nichtlinearitäten ist nicht bekannt.

Die Problematik der Sollwertabweichung bei der Drehzahl und der Zustelltiefe besteht in umgekehrter Richtung bei Übertragung von Zerspankennwerten aus der Datenbank auf eine andere Hardwarekonfiguration als diejenige, die zur Datenaufnahme eingesetzt wurde.

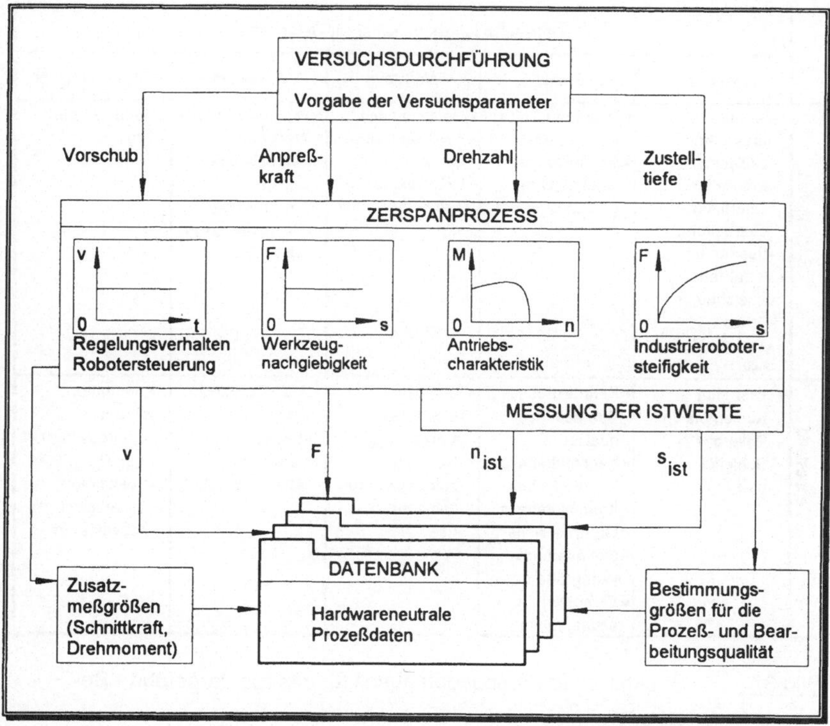

Bild 36 : Ausfilterung hardwarespezifischer Eigenschaften bei der Datenbankerstellung

Sollzustelltiefe und Solldrehzahl sind mit einem Vorhaltewert zu beaufschlagen, damit bei Werkzeugeingriff die gewünschten Istwerte eingehalten werden. Dieser Vorhaltewert kann entweder empirisch durch Vorversuche ermittelt werden oder analytisch über das M-n-Kennfeld des Antriebs beziehungsweise durch Berechnung der Robotersteifigkeit im entsprechenden Arbeitsbereich. Für die analytische Ermittlung des Vorhaltewerts sind jedoch zum Zeitpunkt der

Datenaufnahme Zusatzmeßgrößen erforderlich. Bei Messung der Istdrehzahl ist das an der Werkzeugspindel angreifende Moment mitzuerfassen, bei Messung der Zustelltiefe die Schnittkraftkomponenten bezogen auf das Werkzeugkoordinatensystem des Industrieroboters.

Unterscheidungskriterien in der Datenbank				
Verfahren	Prozeß	Werkzeug	Werkstück	Industrieroboter
Suchkriterien • Verfahrens- klassifikation -Gußputzen, -Entgraten -Oberflächen bearbeitung -Besäumen • Verfahrens- bezeichnung -Fräsen -Trennschleifen -usw.	• Prozeßqualität- kenngrößen • Bearbeitungs- qualitätkenn- größen	• Hersteller und • Typ Werkzeug- antrieb • Hersteller und Typ Schleifmittel	• Teilebezeichnung • Werkstoff • Bearbeitungs- stellen -Formteilung -Bearbeitungsgrat -usw.	• Hersteller und Typ
Datenbestand • Hilfsmittel -Kühlemulsion -Polierpaste -Schleiföl -usw.	• Kennfeldtabelle Bearbeitungs- qualität • Kennfeldtabelle Prozeßqualität • Kennfeldtabelle Grenzbereiche • Optimierungs- kenngrößen • Versuchsrand- bedingungen	• Kenndaten -Durchmesser, -Verzahnung, -Körnung, -zulässiger Dreh- zahlbereich -usw.	• Werkstückkenn- daten -Masse -Gratlänge -Gratausprägung	• Kenndaten -Nutzlast, -Bahngeschwin- digkeit -Positionier- genauigkeit -Arbeitsraum

<u>Bild 37 :</u>   Struktur einer Zerspandatenbank für das robotergeführte Bearbeiten

Die Struktur einer Zerspandatenbank für das robotergeführte Bearbeiten muß neben den im Versuch ermittelten Prozeßparametern die Randbedingungen des Versuchsablaufs beschreiben. Für die abgelegten Daten werden Suchkriterien (Bild 37) festgelegt, wie sie für den potentiellen Benutzer relevant sind.

Die Suchkriterien sind so gewählt, daß ein Anwender durch Werkstoff und Beschreibung der Bearbeitungsaufgabe auf Kenngrößen bereits angewandter Verfahren zugreifen kann und so bei der Verfahrensauswahl und Zerspanparametereinstellung unterstützt wird. Existiert für die gesuchte Aufgaben-

stellung noch keine Anwendung, so kann er über Kombination von Suchkriterien wie die "Verfahrensklassifikation", "Werkstoff" und "Bearbeitungsstellen" nach Datenbeständen ähnlicher Applikationen suchen und diese
gegebenenfalls auf seine Problemstellung übertragen.

Das Suchkriterium "Industrieroboter" wurde aufgenommen, um für einen gegebenen Industrierobotertyp nach erfolgreich eingesetzten Applikationen zu
suchen. Diese Information kann auch zur Auswahl eines geeigneten Industrieroboters für eine neu zu errichtende Applikation herangezogen werden.

5.4   Konzeption von Optimierungsverfahren

5.4.1   Gegenüberstellung und Bewertung von Optimierungs-strategien

Zur Optimierung von robotergeführten Bearbeitungsverfahren ist konzeptionell
zu untersuchen, welche der bekannten Optimierungsstrategien /47, 48/ anwendbar sind.

Bei einer mathematischen Modellbildung wird der Prozeß theoretisch
beschrieben und durch Versuche abgesichert, indem Parameter in der
Modellbeschreibung verifiziert werden.

Weiterhin existieren reine Suchalgorithmen, die innerhalb des gesamten
Kennlinienfeldes mit den verschiedensten Strategien, etwa der Simplex-
Methode oder Zufallsmethoden wie der Monte-Carlo-Methode arbeiten. Im
Gegensatz zu den Suchalgorithmen mit Modellbildung besitzen sie keine
ausgeprägte Strategie, Trendvorhersagen zu bilden und zu bewerten.
Suchalgorithmen mit Modellbildung bieten somit die Möglichkeit, Bereiche, in
denen kritische Prozeßzustände auftreten, zu erkennen und von der weiteren
Suchpunktgenerierung auszuschließen. Die Erkennung dieser Bereiche ist
parallel zum Ablauf des Suchalgorithmus erforderlich, wenn die Bereichs-
grenzen zu Versuchsbeginn nicht bekannt sind.

In Konkurrenz zu den automatisch ablaufenden Optimierungsverfahren steht die manuelle Optimierung. Ihr Erfolg hängt stark vom Erfahrungshintergrund des Versuchsleiters ab und kann durchaus einer Optimierungsstrategie überlegen sein. Da der Verfahrensprüfstand jedoch eine nachprüfbare Optimierung zum Ziel hat, wird diese Alternative nicht weiter verfolgt.

Der Einsatz des mathematischen Modells zum Optimieren von robotergeführten Bearbeitungsverfahren eignet sich weniger, da die Vielzahl der eingesetzten oder neuentwickelten Bearbeitungsverfahren /49/ in Kombination mit verschiedenen Werkzeugen und Werkstoffen eine äußerst komplexe und aufwendige Modellbildung erfordert, deren Übereinstimmung mit der Wirklichkeit durch zahlreiche Versuche zu überprüfen wäre.

Strategie / Kriterien	Mathematische Modellbildung	Reiner Such-algorithmus	Suchalgorithmus mit Modellbildung	Intuitive Annäherung
Prinzipbild	Nachbildung des Prozesses durch Formeln	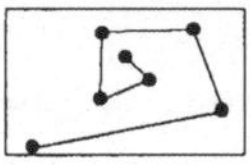	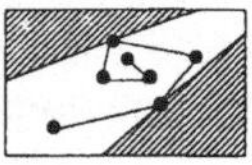	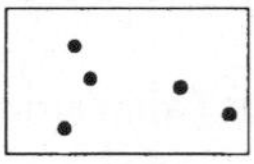
Kenntnis über Verlauf des Bereichs um das Optimum	ja	nur bedingt	ja	nur bedingt
Erkennung mehrerer Teiloptima	ja	nicht zwingend	möglich	abhängig von Versuchsaufwand
Übertragbarkeit auf ähnliche Problemstellungen	Jede nicht im Modell erfaßte Änderung einer Randbedingung erfordert eine neue Kennfelderfassung	Lage des bekannten Optimums kann als Startpunkt für neuen Suchlauf verwendet werden	Lage des bekannten Optimums kann als Startpunkt für neuen Suchlauf verwendet werden	ja, soweit Erfahrungswerte vorhanden sind
Erkennung von Grenzbereichen	Aufwendige Modellbildung	Verletzung des Grenzbereichs möglich	Verlauf des Grenzbereichs extrapolierbar	Verletzung des Grenzbereichs möglich
Erkennung von Unstetigkeiten	Nur bei komplexer Modellbildung	Nicht vorhersehbar	Nicht vorhersehbar, aber systematisch erfaßbar	Nicht vorhersehbar

<u>Bild 38 :</u>   Gegenüberstellung grundlegender Optimierungsstrategien für das Bearbeiten mit dem Industrieroboter

Prinzipiell besser geeignet sind Suchalgorithmen, wo das Optimierungs-
ergebnis direkt durch den Versuch abgesichert wird. Durch die besonderen
Anforderungen beim Bearbeiten mit dem Industrieroboter, insbesondere der
Einhaltung von Grenzwerten, wie etwa von Bearbeitungskräften, ist einem
lokalen Suchalgorithmus gegenüber einem global arbeitenden der Vorzug zu
geben (Bild 38).

Da Bearbeitungsqualität und Prozeßqualität von mehreren Bestimmungsgrößen beschrieben werden, die bei letzterer je nach Anwendungsfall unter-
schiedlich zu bewerten sind, ist es naheliegend, eine Aufteilung nach Teiloptimierungen auf die einzelnen Bestimmungsgrößen durchzuführen. Da der
Versuchsaufwand weniger in der Messung selbst liegt, als vielmehr im
Zerspanversuch, etwa bei Standzeitmessungen, werden bei der Optimierung
auf die erste Bestimmungsgröße bereits Meßdaten für die weiteren
Bestimmungsgrößen aufgenommen. Die Optimierungsstrategie muß daher
über eine Modellbildung verfügen, in der in den folgenden Teiloptimierungen
die Messungen aus den vorhergehenden Teiloptimierungen berücksichtigt
werden können.

Somit eignet sich eine Strategie auf Basis eines lokal arbeitenden Suchalgo-
ritmus, der Grenzbereiche bei der Optimierung erfaßt und beachtet. Zusätzlich
muß die oben beschriebene Übertragung vorhergehender Teiloptimierungen
auf die nächste Teiloptimierung gewährleistet sein.

5.4.2   Konzeption des Versuchsablaufs

Ziel der Optimierung der Prozeßkenngrößen muß auch ein minimaler Aufwand
an Zeitdauer und Zerspanversuchen sein. Daher ist der Versuchsablauf hinsichtlich zurückzulegender Verfahrwege, Nebenzeiten und Zyklusdauer zu
minimieren. Bild 39 zeigt die vier möglichen Varianten der Versuchsdurchführung auf und bewertet die Varianten bezüglich der Versuchsdauer.

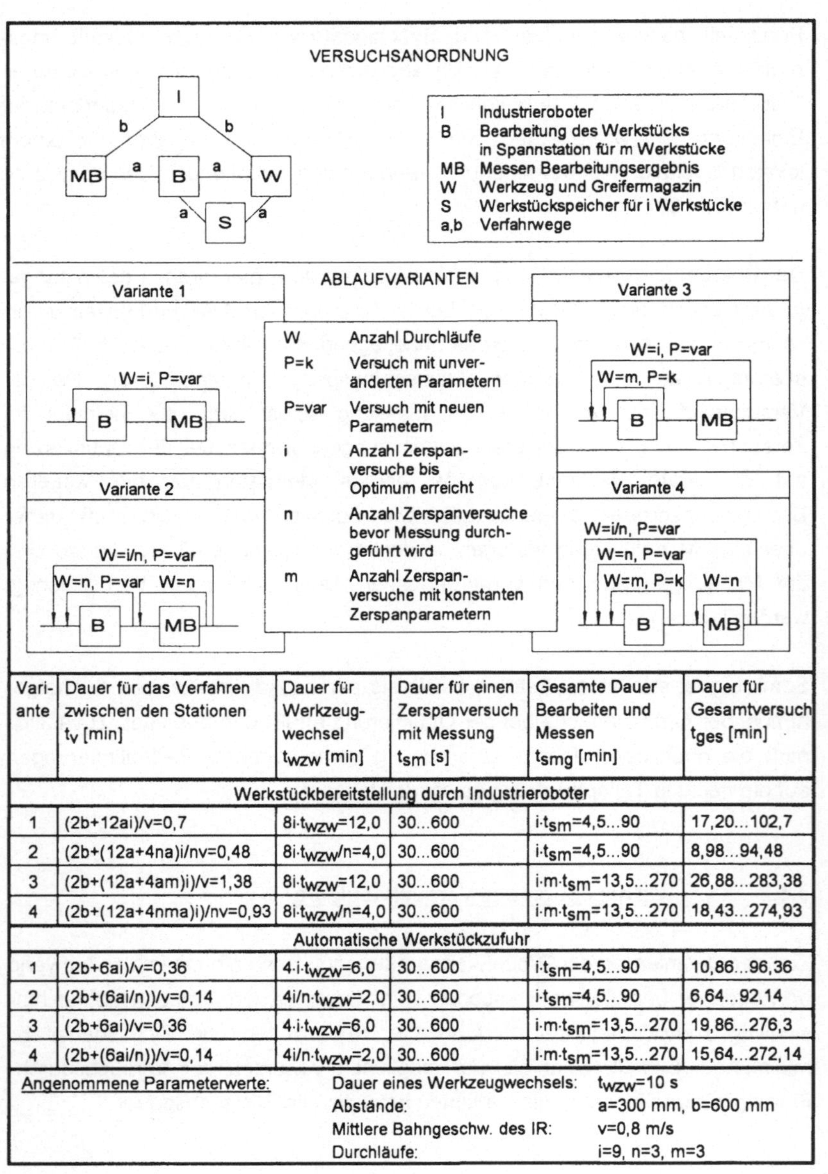

Variante	Dauer für das Verfahren zwischen den Stationen t_v [min]	Dauer für Werkzeugwechsel t_{wzw} [min]	Dauer für einen Zerspanversuch mit Messung t_{sm} [s]	Gesamte Dauer Bearbeiten und Messen t_{smg} [min]	Dauer für Gesamtversuch t_{ges} [min]
Werkstückbereitstellung durch Industrieroboter					
1	$(2b+12ai)/v=0,7$	$8i\cdot t_{wzw}=12,0$	$30...600$	$i\cdot t_{sm}=4,5...90$	$17,20...102,7$
2	$(2b+(12a+4na)i/nv=0,48$	$8i\cdot t_{wzw}/n=4,0$	$30...600$	$i\cdot t_{sm}=4,5...90$	$8,98...94,48$
3	$(2b+(12a+4am)i)/v=1,38$	$8i\cdot t_{wzw}=12,0$	$30...600$	$i\cdot m\cdot t_{sm}=13,5...270$	$26,88...283,38$
4	$(2b+(12a+4nma)i)/nv=0,93$	$8i\cdot t_{wzw}/n=4,0$	$30...600$	$i\cdot m\cdot t_{sm}=13,5...270$	$18,43...274,93$
Automatische Werkstückzufuhr					
1	$(2b+6ai)/v=0,36$	$4\cdot i\cdot t_{wzw}=6,0$	$30...600$	$i\cdot t_{sm}=4,5...90$	$10,86...96,36$
2	$(2b+(6ai/n))/v=0,14$	$4i/n\cdot t_{wzw}=2,0$	$30...600$	$i\cdot t_{sm}=4,5...90$	$6,64...92,14$
3	$(2b+6ai)/v=0,36$	$4\cdot i\cdot t_{wzw}=6,0$	$30...600$	$i\cdot m\cdot t_{sm}=13,5...270$	$19,86...276,3$
4	$(2b+(6ai/n))/v=0,14$	$4i/n\cdot t_{wzw}=2,0$	$30...600$	$i\cdot m\cdot t_{sm}=13,5...270$	$15,64...272,14$

<u>Angenommene Parameterwerte:</u>

Dauer eines Werkzeugwechsels: $t_{wzw}=10$ s
Abstände: a=300 mm, b=600 mm
Mittlere Bahngeschw. des IR: v=0,8 m/s
Durchläufe: i=9, n=3, m=3

Bild 39 : Durchführungsdauer alternativer Versuchsablaufkonzepte

Variante 1 beschreibt den linearen Versuchsablauf, in dem Bearbeitungsprozeß und Messung mit anschließender Suchpunktgenerierung abwechseln. Zeitgünstiger läuft Variante 2 ab, in der erst mehrere Werkstücke bearbeitet werden, bevor sie nachfolgend in einem Durchgang vermessen werden.

Diese Vorgehensweise bringt für die Beispielswerte eine Versuchsverkürzung um 52 %. Es ist daher eine Suchstrategie zu entwickeln, in der die nächste Suchpunktgenerierung auf der Basis mehrerer Meßpunkte optimal durchgeführt wird.

Wie bei jedem Experiment treten auch bei der Optimierung Meßfehler auf, welche den Suchalgorithmus ungenau werden lassen. Um Störungen durch Meßfehler zu verringern, wurde untersucht, inwieweit eine Fehlerglättung durch mehrmaliges Messen mit denselben Versuchsparametern sich auf die Versuchsdauer auswirkt. In Variante 3 wird eine gewisse Anzahl von Messungen mit unveränderten Parametern durchgeführt, das Bearbeitungsergebnis wird für diese Versuche erfaßt und ein Suchpunkt generiert. Analog zu Variante 2 werden in Variante 4 für verschiedene Parameterwerte jeweils mehrere Messungen zur Fehlerglättung durchgeführt, anschließend erfolgt die komplette Messung der Bearbeitungsergebnisse.

Bei den Varianten mit Fehlerglättung wirkt sich die Dauer des Einzelversuchs auf die Gesamtversuchsdauer besonders aus. In Vorversuchen ist daher jeweils zu klären, ob die auftretenden Meßfehler tolerierbar sind und ohne Meßfehlerglättung gearbeitet werden kann.

Wie Bild 39 zeigt, ist die Gestaltung des Werkstückmagazins ein Einflußkriterium auf die Versuchsdauer. Hier zeigt sich, daß die automatische Zuführung und Fixierung an die Bearbeitungsstelle bei Versuchen mit kurzer Dauer einen wesentlichen Zeitvorteil gegenüber der Zuführung durch den Industrieroboter erbringt, da sich hier die vermehrten Werkzeugwechsel und längere Verfahrwege auswirken. Bei Versuchen mit Dauer im Minutenbereich wirken sich dagegen die Verfahrwege anteilsmäßig auf die Gesamtversuchsdauer nicht mehr signifikant aus.

Aufgrund der vorangegangenen konzeptionellen Untersuchungen sind bei der zu leistenden Entwicklung der Optimierungsstrategie für das Bearbeiten mit dem Industrieroboter verschiedene Randbedingungen zu erfüllen. Die Strategie muß eine sequentielle Optimierung auf bis zu vier Zielgrößen durchführen, wobei für jede Teiloptimierung bereits Messungen für die noch zu optimierenden Zielgrößen zu erfassen und für die folgenden Teiloptimierungen auszuwerten sind.

Während des Optimierlaufs sind kritische Bereiche im Kennlinienfeld zu erkennen und von der Suchstrategie zu meiden. Zur Minimierung der Versuchsdauer wurde gezeigt, daß die Suchstrategie nicht nach jedem Meßpunkt einen neuen Zielpunkt berechnen soll, sondern mehrere Messungen durchführt und erst dann die neue Suchrichtung vorgibt. Ferner muß die Strategie Messungen, die aufgrund von zufälligen Meßfehlern bei gleicher Parametervorgabe Abweichungen unterworfen sind, durch entsprechende Mechanismen kompensieren. Diese konzeptionellen Vorgaben sind bei der nachfolgenden Entwicklung des Optimierungsverfahrens der Zerspanparameter zu beachten.

5.4.3   <u>Grenzwertbetrachtungen</u>

Die zu berücksichtigenden Grenzbereiche beim Optimieren von Bearbeitungsverfahren müssen durch den Suchalgorithmus erkannt werden. Während Grenzen wie die maximale Bearbeitungskraft oder die thermische Grenzlinie einen festen Verlauf aufweisen, kann das Ratterverhalten durch entsprechende konzeptionelle Auslegungen am Werkzeug beeinflußt werden. Daher wird nachfolgend eine analytische Beschreibung des Ratterverhaltens entwickelt, die auch zur Ermittlung von Grenzbereichen bei der Zerspanparameteroptimierung angewendet wird.

5.4.3.1   <u>Modellbildung</u>

Auch im Bereich der Werkzeugmaschinen besteht das Problem von unerwünschten Schwingungserscheinungen, welche die Oberflächenqualität des Werkstücks beeinträchtigen. In der Literatur /50/ werden diese Störeinflüße in folgende drei Kategorien unterteilt :

- freie Schwingungen (verursacht durch über das Fundament eingeleitete Störkräfte),
- erzwungene Schwingungen (verursacht durch Unwuchten, Zahnrad-, Lagerfehler, Zahneingriffsstoß)
- selbsterregte Schwingungen (verursacht durch Grundrauschen der Schnittkräfte, Regenerativeffekt, Aufbauschneidenbildung, fallende F-v-Charakteristik)

Während freie Schwingungen wegen ihres unvorhersehbaren Auftretens kaum zu beschreiben sind, bestehen für erzwungene Schwingungen theoretische Verfahren zu ihrer Vermeidung. Das Problem der selbsterregten Schwingungen dagegen ist aufgrund seiner Komplexität durch das Zusammenspiel zahlreicher Einflußfaktoren noch nicht vollständig gelöst /51/. Insbesondere bereitet die meßtechnische Erfassung einiger Einflußgrößen Schwierigkeiten, die sowohl von der Maschine, von Werkstück und Werkzeug, als auch vom Schnittprozeß selbst abhängen.

Entsprechende Schwingungsuntersuchungen beim Bearbeiten mit Industrierobotern werden momentan zwar durchgeführt, jedoch liegen hier noch keine verwertbaren Ergebnisse vor. Somit wird im Rahmen dieser Arbeit eine vereinfachte Modellbildung durchgeführt, die das gesamte Spektrum des Ratterns nicht abdecken kann, sondern vielmehr für den praktischen Einsatz innerhalb des Verfahrensprüfstands Anhaltswerte für zu erwartende Ratterschwingungen liefern soll. Das vereinfachte Modell betrachtet somit nur den Fall von fremderregten Schwingungen, die durch Zahneingriffsstöße oder Unwuchten im Werkzeug erzeugt werden.

Zunächst wird eine Modellbildung der schwingungsfähigen Komponenten durchgeführt. Bei nachgiebig aufgehängten Werkzeugen hängt die Dämpfungs-

und Federkonstante direkt von der Charakteristik des integrierten Druckluftzylinders ab. Während die Dämpfungseigenschaft des Druckluftzylinders als konstant angenommen werden kann /52/, ist die Charakteristik der Federkennlinie herzuleiten.

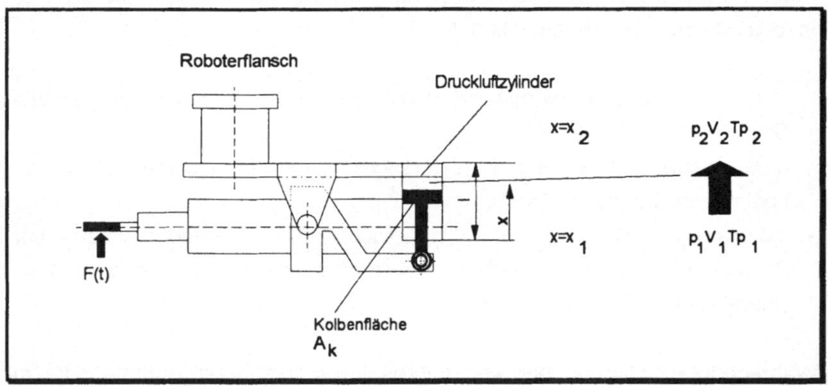

Bild 40 :   Zustandsänderung im Druckluftzylinder bei Ratterschwingungen

Für die am Kolben resultierende Kraft beim Verfahren von x_1 nach x_2 gilt allgemein:

$$F(x) = \int_{x_1}^{x_2} A_k \cdot dp = A_k \left(p_2 - p_1 \right) + K \qquad \text{(Gl. 5.1)}$$

Bei Zugrundelegung einer adiabaten Zustandsänderung und durch Bestimmung der Integrationskonstante K ergibt sich für die Kraft F(x) am Kolben:

$$F(x) = A_k \cdot p_1 \left(1 - \frac{x}{l} \right)^{-\kappa} \qquad \text{(Gl. 5.2)}$$

Da beim Rattern nur ein geringer Bereich dieser Kennlinie überdeckt wird, kann eine Linearisierung über eine Taylorreihe durchgeführt und alle Glieder höherer Ordnung vernachlässigt werden, so daß nur die von der Auslenkung x linear abhängigen Terme verbleiben. Für kleine Auslenkungen des Zylinders an der Stelle l_x ergibt sich somit eine vom Einfederungsweg unabhängige Federkonstante:

$$c = \frac{A_k \cdot p_1 \cdot \kappa}{l}\left(1 - \frac{l_x}{l}\right)^{-\kappa-1} \qquad \text{(Gl. 5.3)}$$

Die Modellbildung des Schwingungsverhaltens eines Industrieroboters erfolgt über ein Feder-Masse-System, dessen Charakteristik jedoch von der jeweiligen Achskonfiguration und der Dynamik des momentanen Bewegungsablaufs abhängt. Zudem verfügt der Industrieroboter durch die Schwingungsfähigkeit jeder einzelnen Achse über mehrere Resonanzfrequenzen.

Konfiguration / Kenngröße	Starre Werkzeugaufhängung		Nachgiebige Werkzeugaufhängung	
	Werkzeughandhabung	Werkstückhandhabung	Werkzeughandhabung	Werkstückhandhabung
Ersatzsystem	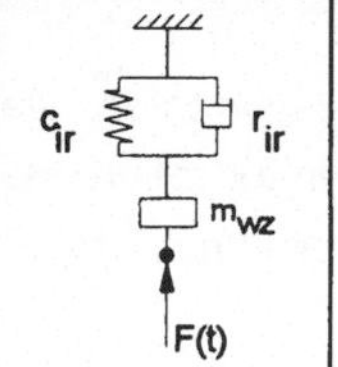 c_{ir}, r_{ir}, m_{wz}, $F(t)$	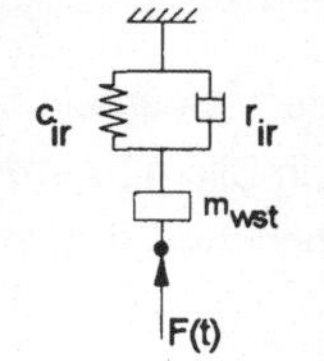 c_{ir}, r_{ir}, m_{wst}, $F(t)$	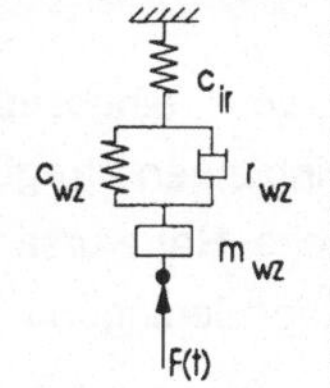 c_{ir}, c_{w2}, r_{wz}, m_{wz}, $F(t)$	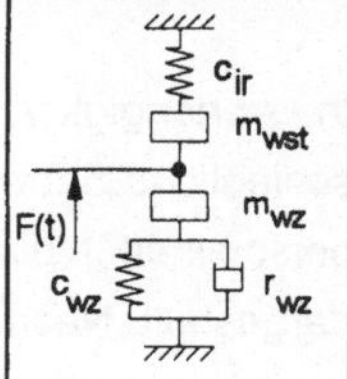 c_{ir}, m_{wst}, m_{wz}, $F(t)$, c_{wz}, r_{wz}
Schwingungsgleichung	Abhängig von Kinematik und Achsstellung		$m\ddot{x} + r\dot{x} + \dfrac{A_k \cdot p_1 \cdot \kappa}{l}\left(1 - \dfrac{l_x}{l}\right)^{-\kappa-1} x = F(t)$	
Resonanzfrequenz	Abhängig von Kinematik und Achsstellung		$\omega_0 = \sqrt{\dfrac{A_k \cdot p_1 \cdot \kappa \cdot \left(1 - \dfrac{l_x}{l}\right)^{-\kappa}}{l \cdot m}}$	
Resonanzverhalten	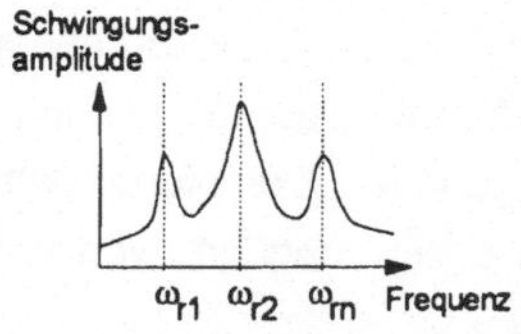 Schwingungsamplitude — ω_{r1} ω_{r2} ω_{rn} Frequenz		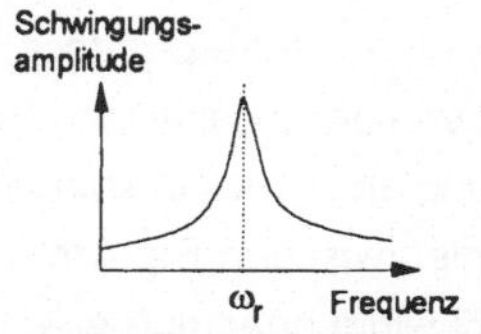 Schwingungsamplitude — ω_r Frequenz	

1): Annahme: Werkzeugsteifigkeit c_{wz} << Industrierobotersteifigkeit c_{ir}

<u>Bild 41</u> : Schwingungsverhalten beim Bearbeiten mit dem Industrieroboter in Abhängigkeit von der Anlagenkonfiguration

Die hiermit verbundene Modellbildung erfordert genaue Kenntnis der achsspezifischen Feder- und Dämpfungskonstanten sowie eine Beschreibung der Transformationsgleichung des zu untersuchenden Industrieroboters. Der hohe Versuchsaufwand und die jeweils gerätespezifisch anzupassende Modellbildung würde jedoch der universellen, weitgehend geräteunabhängigen Einsetzbarkeit des Verfahrensprüfstand zuwiderlaufen. Die zugänglichere Lösung liegt daher in der empirischen Ermittlung des Schwingungsverhaltens des eingesetzten Industrieroboters.

Die Eigenfrequenzen der Industrieroboter-Werkzeug-Systeme lassen sich somit für starre Werkzeugaufhängungen empirisch ermitteln, für nachgiebig aufgehängte Werkzeuge ist unter Vernachlässigung der Schwingungseigenschaften des Industrieroboters eine analytische Berechnung durchzuführen (Bild 41).

In Abhängigkeit vom eingesetzten Bearbeitungsverfahren werden unterschiedliche Schwingungen erregt. In Bild 42 werden für rotierende Werkzeuge beispielhaft typische Ratterursachen und ihre mathematische Beschreibung dargestellt. Nach der Bedingung

$$\omega_r = \sqrt{\omega_o^2 - 2\delta^2} \qquad\qquad \text{(Gl. 5.4)}$$

lassen sich die Erregerfrequenzen berechnen, die zu Resonanzschwingungen führen.

Beim Resonanzfall wird die maximale Schwingungsamplitude erregt. Ratterschwingungen treten jedoch bei ungünstigen Konfigurationen noch weit entfernt von der eigentlichen Resonanzfrequenz auf. So können bei nachgiebig aufgehängten Druckluftspindeln mit geringer Dämpfung selbst bei einem Verhältnis zwischen Eigenfrequenz zu Erregerfrequenz von über 1..600 noch Ratterschwingungen auftreten.

Verfahren / Kenngröße	Fräsen	Schleifen	Trennschleifen
Kraftimpulsauslöser	Kraftspitze bei Schneideneingriff	Exzentrizität, Schleifkörperinhomogenität	Selbsthemmungseffekte
Symbolische Darstellung			
Zeitlicher Kräfteverlauf			
Kraftspitze	$F_{max} = F_{ci}(1 + sin(\frac{2\pi}{z}))$ $F_{ci} = b_{wz}h_{wzm}K_s$	$F_{max} = F_m + c_{ir} \cdot e$	analytisch nur mit aufwendiger Modellbildung ermittelbar
Frequenz	$\omega = 2\pi \cdot n \cdot z$	$\omega = 2\pi \cdot n$	keine feste Frequenz

<u>Bild 42 :</u>   Schwingungsverhalten beim Bearbeiten mit dem Industrieroboter am Beispiel ausgewählter Verfahren

5.4.3.2   **Berechnungsgrundlagen für das Ratterverhalten**

Das Kriterium für Ratterschwingungen wird gerade noch erfüllt, wenn die Schwingungsamplitude des Werkzeugs gleich der Spantiefe x_S des Werkzeugs ist:

$$\hat{x} = \frac{\hat{F}}{m\sqrt{\left(\omega^2 - \omega_0^2\right)^2 + 4\delta^2\omega^2}} = x_S \qquad \text{(Gl. 5.5)}$$

Aus dieser Beziehung wird ersichtlich, daß die Ratterneigung stark frequenzabhängig ist und unter Umständen ein breites Frequenzband abdecken kann, so daß bei einem gegebenen Werkzeug ein ratterfreies Arbeiten in Drehzahlbereichen maximaler Antriebsleistung nicht möglich ist.

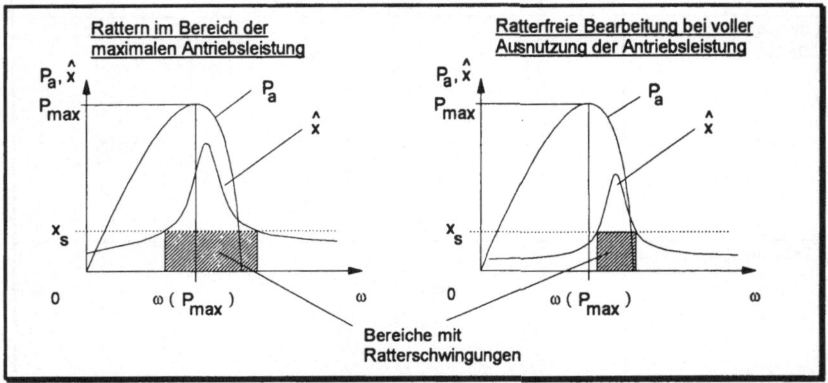

Bild 43 :   Abstimmung der Schwingungscharakteristik eines Bearbeitungs-werkzeugs

In diesen Fällen ist eine Optimierung des Werkzeugs angebracht. Aus Gleichung 5.5 wird ersichtlich, daß die Schwingungsamplitude entweder durch eine größere Massenträgkeit des Werkzeugs oder eine erhöhte Dämpfung erzielbar ist. Konstruktiv umsetzbar sind diese Ergebnisse durch Anbringung einer Zusatzmasse im Drehpunkt der Werkzeugaufhängung oder durch Parallelschaltung eines Dämpfungselements zur Druckluftfeder.

Durch eine entsprechende Konzeption des Bearbeitungswerkzeugs kann so die Ratterneigung gezielt beeinflußt werden. Die beiden Übergangsfrequenzen, wo der Bereich des Ratterns beginnt, erhält man durch Umformung aus Gleichung 5.5 :

$$\omega_{g1,2} = \sqrt{\frac{-\left(4\delta^2 - 2\omega_0^2\right) \pm \sqrt{\left(4\delta^2 - 2\omega_0^2\right)^2 + \left(\frac{2\hat{F}}{\hat{x}m}\right)^2 - 4\omega_0^4}}{2}} \qquad \text{(Gl. 5.6)}$$

Um Ratterschwingungen während der Bearbeitung auszuschließen, ist somit eine Drehzahl außerhalb des von ω_{g1} und ω_{g2} vorgegebenen Drehzahlbereichs zu wählen.

6 ENTWICKLUNG EINER STRATEGIE ZUR ZERSPAN-PARAMETEROPTIMIERUNG

6.1 Vorgehensweise

6.1.1 Optimierungsgrößen

Im Rahmen der Entwicklung einer Optimierungsstrategie wird ein Bearbeitungsverfahren als ein Prozeß betrachtet, dessen Ausgangskenngrößen (Prozeß- und Bearbeitungsqualität) durch gezielte Variierung von Eingangsgrößen (Zerspanparameter) beeinflußbar sind. Während die Ausgangskenngrößen in Kap. 4 hinreichend untersucht worden sind, zeigt Bild 44 die relevanten Eingangskenngrößen für die in die Betrachtung aufgenommenen Bearbeitungsverfahren. Es zeigt sich, daß die untersuchten Verfahren über maximal drei unabhängige Eingangsgrößen verfügen.

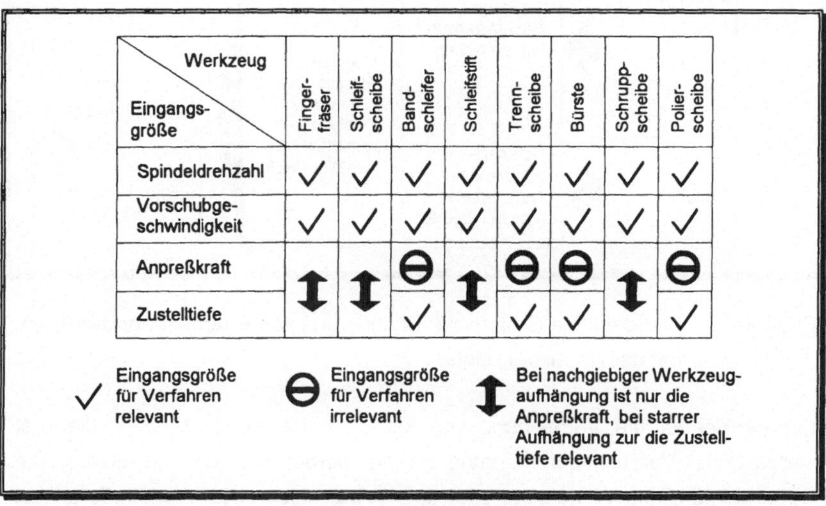

Eingangsgröße	Fingerfräser	Schleifscheibe	Bandschleifer	Schleifstift	Trennscheibe	Bürste	Schruppscheibe	Polierscheibe
Spindeldrehzahl	✓	✓	✓	✓	✓	✓	✓	✓
Vorschubgeschwindigkeit	✓	✓	✓	✓	✓	✓	✓	✓
Anpreßkraft	↕	↕	⊖	↕	⊖	⊖	↕	⊖
Zustelltiefe	↕	↕	✓	↕	✓	✓	↕	✓

<u>Bild 44 :</u>   Verfahrensabhängige Eingangsgrößen des Optimierverfahrens

Diese Eingangsgrößen weisen einen Wertebereich auf, der von vorneherein von der eingesetzten Peripherie beschränkt ist, wie maximale Spindeldrehzahl oder maximale Bahngeschwindigkeit des Industrieroboters. Dieser Wertebereich ist bei der Optimierung durch entsprechende Einstellung der Eingangsgrößen zu beachten.

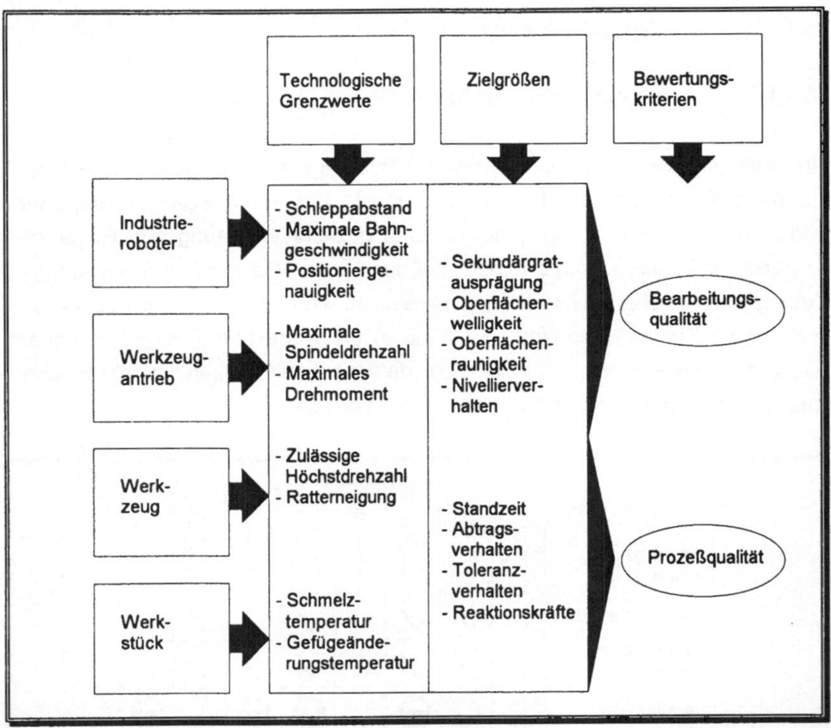

<u>Bild 45 :</u>   Maßgebliche Größen zur Optimierung von Bearbeitungsverfahren mit dem Industrieroboter

Schwieriger ist die Vermeidung von kritischen Betriebszuständen, die erst während der Versuchsdurchführung erkannt werden können, wie etwa starke Ratterneigung des Werkzeugs oder das Aufschmelzen des Werkstoffs bei zu hoher Wärmeeinleitung. Diese Grenzbereiche dürfen zur Gewährleistung eines automatischen Versuchsablaufs nicht überschritten werden und müssen bereits während der Optimierung ständig überwacht werden.

6.1.2   <u>Prinzipielle Vorgehensweise bei der Optimierung</u>

Die Optimieriung kann im Kern als ein geschlossener Regelkreis mit den Eingangskenngrößen E_i und den Zielgrößen Z_i betrachtet werden. Die Zielgrößen beschreiben nicht die Prozeß- oder Bearbeitungsqualität selbst, sondern vielmehr die einzelnen Bestimmungsgrößen. Diese Vorgehensweise hat den Vorteil, daß die Bestimmungsgrößen alleine in der Regel einfacher zu approximierende Verläufe aufweisen, die dazuhin mathematisch genauer zu beschreiben sind. Außerdem ist die Bewertung von Prozeß- oder Bearbeitungsqualität von der Gewichtung ihrer Bestimmungsgrößen abhängig.

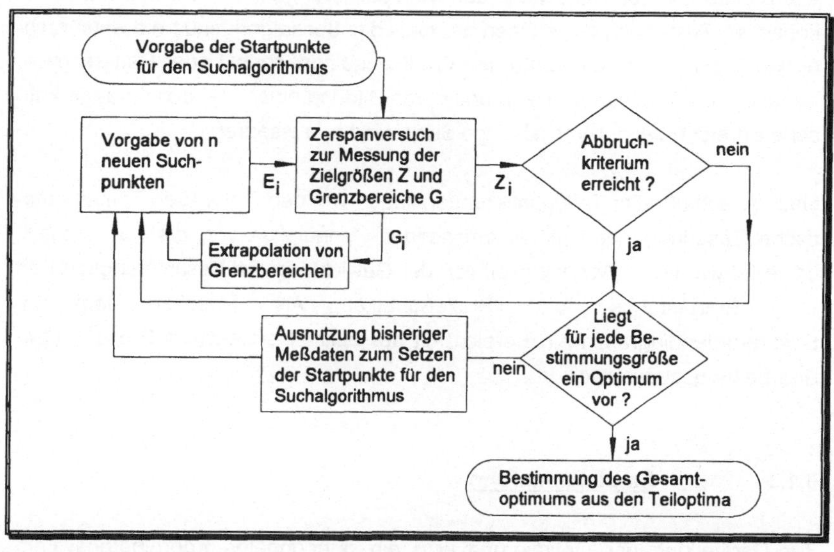

<u>Bild 46 :</u>   Ablaufdiagramm zur Zerspanparameteroptimierung für das Bearbeiten mit dem Industrieroboter

Es wird somit für jede Bestimmungsgröße der Prozeß- und Bearbeitungsqualität eine separate Teiloptimierung durchgeführt.

Wie in der konzeptionellen Betrachtung gezeigt wurde, wird die Versuchsdauer günstig beeinflußt, wenn zuerst mehrere Zerspanversuche nacheinander ausgeführt werden, und erst dann die Meßauswertung und Vorgabe neuer

Suchpunkte erfolgt. Der Suchalgorithmus setzt daher mehrere Suchpunkte und berechnet erst nach Auswertung der hierfür ermittelten Zielgrößen die weitere Suchrichtung. Die Optimierung wird solange fortgesetzt, bis ein Abbruchkriterium erfüllt ist.

Um eine effiziente Versuchsdurchführung zu gewährleisten, etwa bei langwierigen Zerspanversuchen, wird nach einem Zerspanversuch nicht nur die Zielgröße des momentan gesuchten Teiloptimums erfaßt, sondern auch die Zielgrößen für die noch durchzuführenden Teiloptimierungen. Diese vorab durchgeführten Messungen verkürzen durch eine verbesserte Lage der Suchstartpunkte die noch ausstehenden Teiloptimierungen. Sofern im Prozeß mit kritischen Zuständen zu rechnen ist, muß der Suchalgorithmus die entsprechenden Größen wie Temperatur am Werkzeugeingriffspunkt oder Ratterschwingungen am Werkzeug erfassen und durch Bildung einer Trendvorhersage kritische Bereiche bei der Vorgabe von Suchpunkten aussparen.

Nach Abschluß aller Teiloptimierungen liegen von den Zielgrößen Z_i mathematische Beschreibungen mit ausreichender Genauigkeit vor, die nun statisch bewertet werden in Abhängigkeit von der Gewichtung der Bestimmungsgrößen von Bearbeitungs- und Prozeßqualität. Als Resultat liegt im Suchgeradendiagramm ein Bereich mit der optimal erzielbaren Prozeß- bzw. Bearbeitungsqualität vor.

6.1.3   **Darstellungsform**

Zur Darstellung der Optimierung wird ein orthogonales Koordinatensystem gewählt, bei dem die Eingangskenngrößen an den Koordinatenachsen aufgetragen werden. Da entweder auf zwei oder drei Eingangskenngrößen optimiert wird, kann die bildliche Darstellung in einem zwei- bzw. dreidimensionalen Koordinatensystem erfolgen.

Innerhalb des Koordinatensystems werden die auf einer Geraden liegenden Suchpunkte eingetragen (Suchgeradendiagramm). Jeder Suchpunkt repräsentiert einen Zerspanversuch mit Messung der zu optimierenden Zielgröße. Die im Versuch ermittelten Zielgrößen auf einer solchen Suchgeraden werden in einem separaten Koordinatensystem dargestellt (Gradientendiagramm, Bild 47). Analog werden Meßgrößen, die kritische Bereiche beschreiben, dargestellt.

6.2 Strategieentwicklung

Die Strategie wird für den Fall der Optimierung von zwei Eingangskenngrößen auf mehrere Zielgrößen entwickelt. Das Strategiekonzept ist jedoch so ausgelegt, daß eine Übertragung auf die Maximalanforderung von drei zu optimierenden Eingangskenngrößen prinzipiell möglich ist.

6.2.1 Suchalgorithmus

Vor dem eigentlichen Optimierungslauf sind vom Benutzer die Wertebereiche der Eingangskenngrößen festzulegen. Während die Maximalwerte in der Regel von der verwendeten Peripherie vorgegeben sind, können die Minimalwerte bei Null liegen, in der Praxis ist es jedoch sinnvoll, die Untergrenzen auf Erfahrungswerte anzuheben, ab denen mit relevanten Versuchsergebnissen zu rechnen ist.

Als Startpunkte werden die im Suchgeradendiagramm liegenden Suchpunkte P1, P2 und P3 vorgegeben (Bild 47). Nach Durchführung der Zerspanversuche wird für jeden Suchpunkt P_n der ermittelte Wert der Zielgröße Z_n im Gradientendiagramm zugeordnet.

Im Gradientendiagramm kann nun der Verlauf zwischen den einzelnen Suchpunkten durch Interpolation vorhergesagt werden. Die Anzahl an Suchpunkten auf der Geraden ist bei Suchbeginn auf drei beschränkt, da hiermit eine ausreichende Trendabschätzung durchgeführt werden kann. Wie später gezeigt wird, können durch Überschneidung einer neuen Suchgeraden mit einer bereits bestehenden Suchgeraden noch weitere Punkte auf einer Suchgeraden liegen, die alle in das Interpolationsverfahren einbezogen werden müssen. Das

Interpolationsverfahren muß daher in der Lage sein, einen Kurvenverlauf für eine beliebige Anzahl von Stützpunkten vorherzusagen.

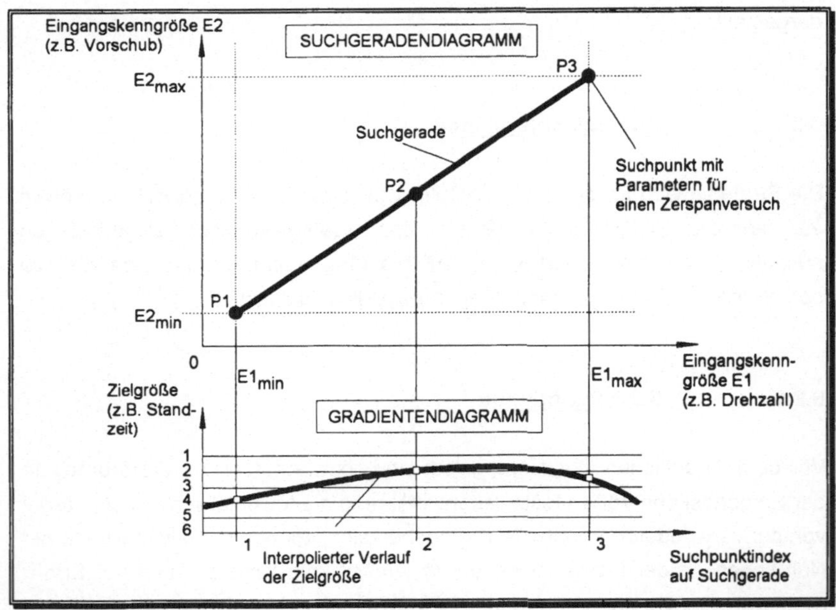

<u>Bild 47 :</u>   Bildung der ersten Suchgeraden der Optimierungsstrategie

Hierfür eignet sich besonders die Lagrangeschen Interpolationsformel /53/, die als Eingangsgröße eine variable Anzahl von n Suchpunkten verarbeiten kann und durch diese Punkte ein Polynom n-ten Grades legt. Zur Berechnung von Funktionswerten auf dem Polynom wird das in Bild 48 dargestellte Rechenschema verwendet, das vorteilhaft auf Computern einzusetzen ist.

Im Gradientendiagramm wird hierzu in vertikaler Richtung die Zielgröße Z_i aufgetragen, in horizontaler Richtung wird für den jeweiligen Achsenabschnitt der Eingangskenngröße der korrespondierende Betrag der Eingangsgröße E_i aufgetragen. Durch die Polynombildung zwischen den Suchpunkten können nun Werte für die Zielgröße Zi auf der Suchgerade inter- bzw. extrapoliert werden. Bei der Extrapolation ist zu beachten, daß die Vorhersagegenauigkeit für die

Zielgröße mit zunehmender Abstand von letzten Stützpunkt abnimmt und gegebenenfalls durch das Setzen eines weiteren Suchpunkts zu verifizieren ist.

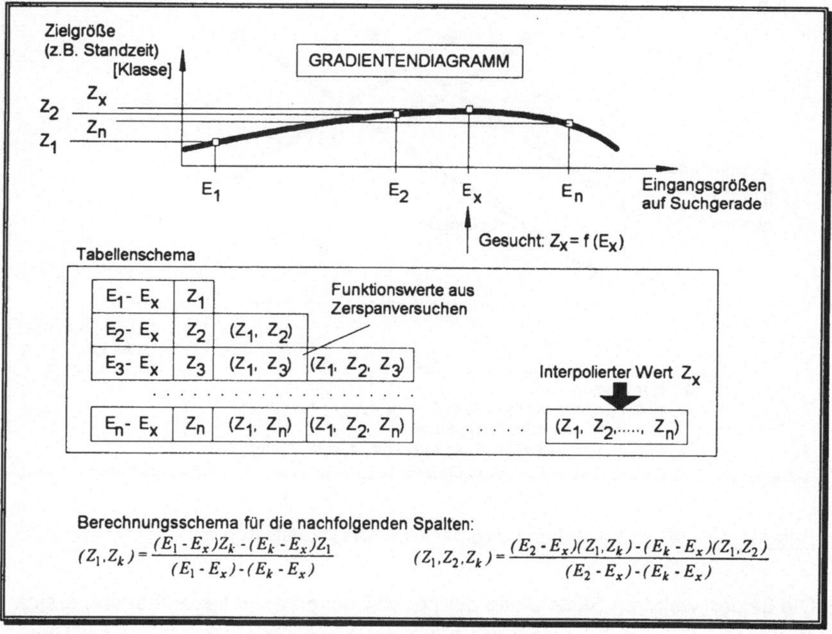

<u>Bild 48 :</u>   Berechnung des Zielgrößenverlaufs nach der Lagrangeschen Interpolationsformel

Da die Langrangesche Interpolationsformel nicht direkt ableitbar ist, wird das Maximum im Gradientenverlauf durch schrittweises Ablaufen des Wertebereichs entlang der Suchgeraden unter Beobachtung des maximal auftretenden Wertes der Zielgröße Z_i ermittelt.

Nachdem der Maximalwert der Zielgröße auf der aktuellen Suchgerade vorherberechnet worden ist, wird in diesem Punkt in Richtung der anderen Kennfelddiagonalen eine neue Suchgerade gelegt (Bild 49). Die neue Suchgerade wird durch mindestens drei Suchpunkte festgelegt, dabei liegt stets einer der Suchpunkte an der Stelle des vorherberechneten Maximums der letzten Suchgeraden, um die Vorhersagegenauigkeit zu verifizieren.

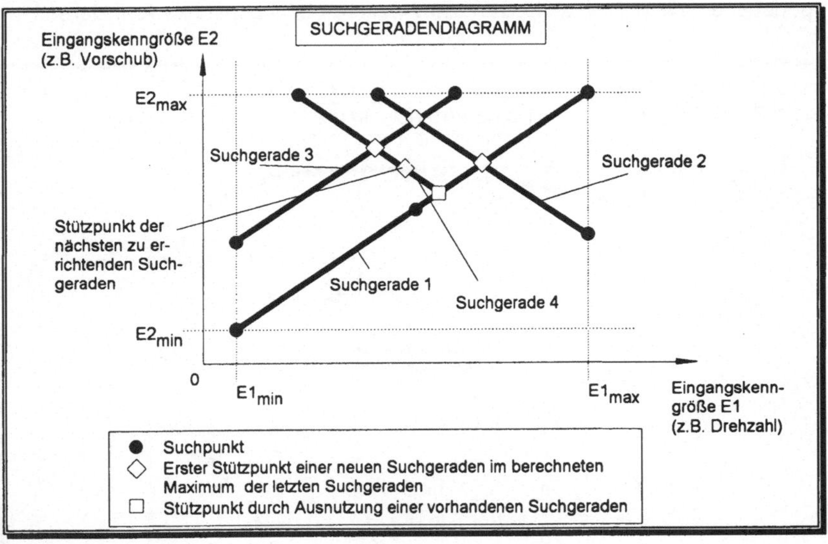

Bild 49 :   Suchgeradenbildung der Optimierungsstrategie

Die beiden weiteren Stützpunkte der neuen Suchgeraden liegen bei den ersten Optimierungsschritten auf den Wertebereichsgrenzen um eine gute Über-deckung des Suchdiagramms zu gewährleisten. Mit fortschreitender Suchgera-denbildung besteht die Möglichkeit, die Stützpunkte auf bereits bestehende Suchgeraden aus den vorangegangenen Suchdurchläufen zu legen. Für diese Punkte kann somit ein Zerspanversuch entfallen, da über das bestehende Gradientendiagramm der Wert der Zielgröße am Suchpunkt mit hinreichender Genauigkeit berechnet werden kann.

Durch dieses Suchverhalten geht die in den vorhergehenden Schritten gewon-nene Information in die Suchgeradengenerierung ein und reduziert den Auf-wand an Zerspanversuchen. Nach jeder Vorausberechnung eines Maximums auf einer Suchgeraden wird durch diesen Punkt die nächste zu generierende Suchgerade gelegt, wobei das berechnete Maximum der aktuellen Suchgeraden durch einen Zerspanversuch verifiziert wird.

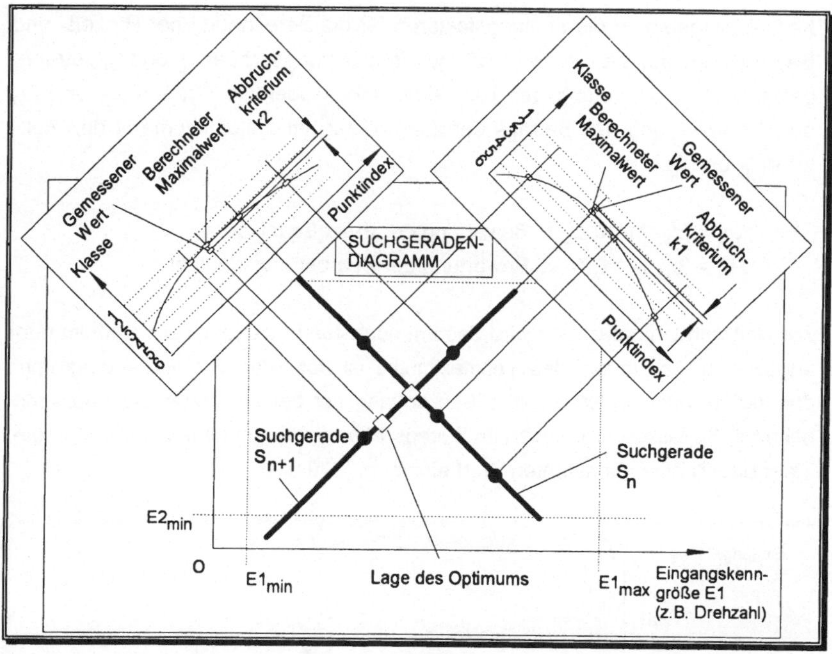

<u>Bild 50 :</u>   Abbruchkriterium des Suchalgorithmus

Die Suche nach dem Teiloptimum gilt als abgeschlossen, wenn die Abweichungen k1, k2 zwischen berechnetem Maximum und tatsächlich vorliegendem Maximum für beide Suchrichtungen (Suchgeraden S_n und S_{n+1}) unterhalb einer benutzerdefinierten Schranke ε liegen (Bild 50).

6.2.2   <u>Bestimmung des Gesamtoptimums aus den Teiloptima</u>

Nachdem der Suchalgorithmus für alle Bestimmungsgrößen der Prozeß- bzw. Bearbeitungsqualität abgeschlossen ist, liegt für jede Zielgröße Z_i die Lage des Teiloptimums im Suchgeradendiagramm vor. Außerdem ist die Umgebung des Teiloptimums durch die Gradientendiagramme der Suchgeraden bekannt. Da die einzelnen Teilmaxima sich bezüglich ihrer Lage im Suchgeradendiagramm nicht zwingend decken oder überschneiden, wird jedes Teiloptimum mit den in

Kap. 4 festgelegten Gewichtungsfaktoren für die Berechnung der Prozeß- und Bearbeitungsqualität aus den einzelnen Bestimmungsgrößen f_p und f_b getrennt bewertet. Die Bewertung der Teiloptima erfolgt über die Größen λ_p und λ_b durch Gewichtung des Betrags der Zielgröße Z_i im Teiloptimum mit den Faktoren f_p und f_b.

$$\lambda p_i = fp_i \cdot MAX(Z_i) \Rightarrow \text{Bewertung der Prozeßqualität}$$
$$\lambda b_i = fb_i \cdot MAX(Z_i) \Rightarrow \text{Bewertung der Bearbeitungsqualität}$$

Zur weiteren Untersuchung wird das am höchsten bewertete Teilmaximum herangezogen. Im Umfeld des Teilmaximums ist über das Gradientendiagramm der Verlauf aller anderen Zielgrößen entlang der beiden letzten Suchgeraden bekannt. So lassen sich Linien im Suchgeradendiagramm bilden, auf denen die Zielgröße Z_i einen konstanten Wert einnimmt (Bild 51).

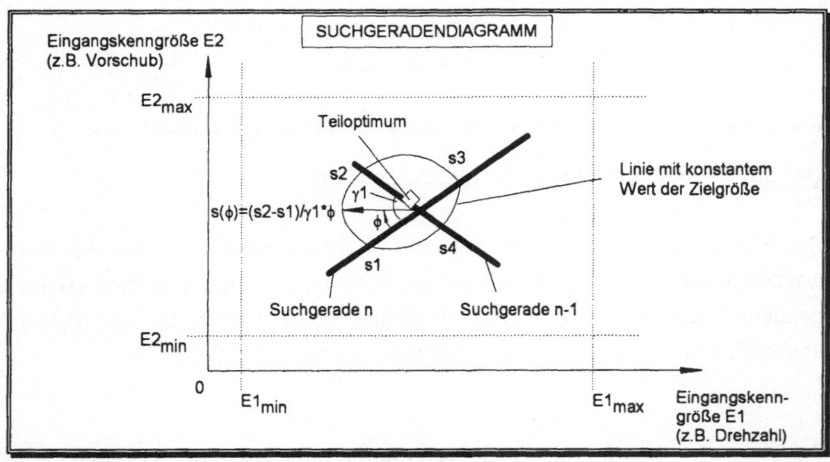

<u>Bild 51 :</u>   Ermittlung von Linien mit konstantem Betrag der Zielgröße Z_i in der Umgebung eines Teiloptimums

Diese Vorgehensweise wird für alle anderen Zielgrößen in einem festen Raster im Suchgeradendiagramm wiederholt. Für den betrachteten Bereich werden aus den vorliegenden Bestimmungsgrößen Q_P und Q_B (Prozeß- bzw. Bearbeitungsqualität) gebildet und in das Suchgeradendiagramm eingetragen, so daß die Lage des optimalen Bereichs sichtbar wird..

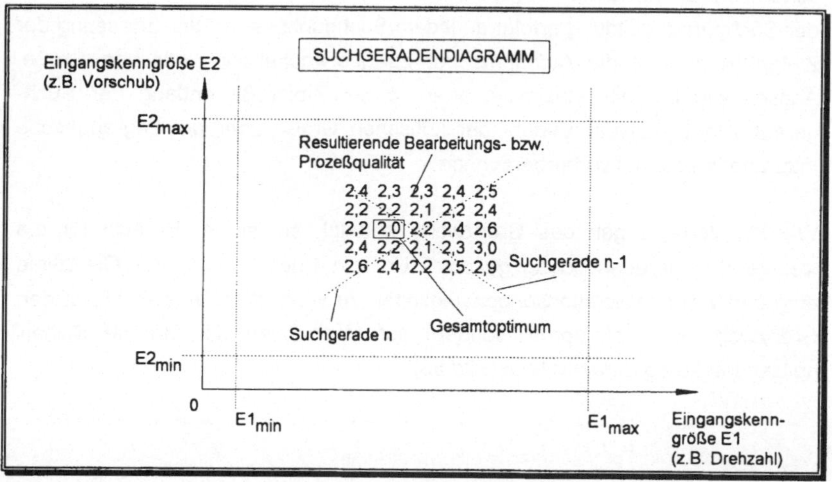

Bild 52 :   Darstellung des Gesamtoptimums im Suchgeradendiagramm

6.2.3   Erkennung von kritischen Versuchsparametern

In Abhängigkeit vom untersuchten Verfahren oder der eingesetzten Hardware können während der Versuchsdurchführung kritische Zustände auftreten, wie etwa das Aufschmelzen des Werkstoffs durch übermäßige Wärmeeinleitung, starkes Rattern des Werkzeugs oder auch unzulässig hohe am Industrieroboter angreifende Bearbeitungskräfte. Dieser Sachverhalt ist insbesondere bei der vollautomatischen Versuchsdurchführung von Bedeutung, da z.B. ein Zusetzen des Fräswerkzeugs oder Beschädigungen an der Hardware durch überhöhte Reaktionskräfte den Versuchsablauf gefährden.

94

Sind solche Grenzbereiche zu beachten, so kann die Suchstrategie hierauf flexibel reagieren. Voraussetzung ist die meßtechnische Erfassung der kritischen Größen sowie die Vorgabe des einzuhaltenden Grenzwerts G. Während der Suchgeradenbildung erfolgt an jedem Suchpunkt neben der Erfassung der Zielgröße parallel die Aufnahme der zu überwachenden kritischen Größe. Ähnlich wie bei der Maximagenerierung der Zielgröße entlang der Suchgeraden läßt sich der Verlauf der kritischen Größe über die Lagrangesche Interpolationsformel vorherberechnen.

Werden Verletzungen des Grenzwerts erkannt, so ist der Bereich für die weitere Suchgeradenbildung gesperrt. Um ein Überschreiten der Grenzlinie aufgrund von Interpolationsungenauigkeiten zu verhindern, wird nicht auf den Grenzwert selbst abgeprüft, sondern auf einen Wert der um die Sicherheitsschranke Δg darunter liegt (Bild 53).

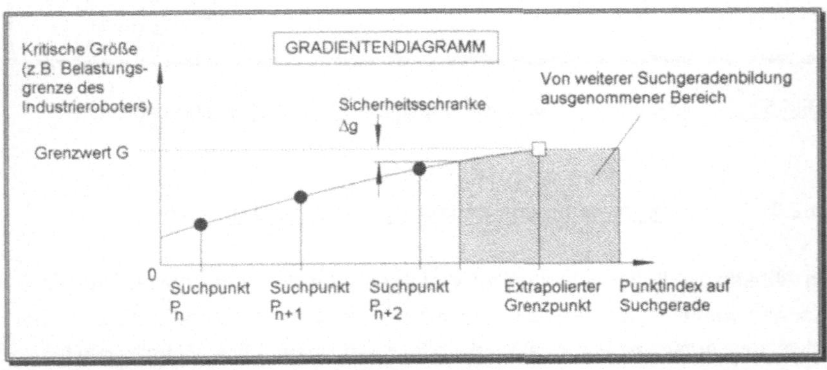

<u>Bild 53 :</u>   Suchpunktgenerierung unter Beachtung kritischer Betriebs-
zustände

Diese Vorgehensweise ist auf kritische Größen mit stetigem Verlauf anwendbar, stößt jedoch bei nur bereichsweise und unerwartet auftretenden, unerwünschten Betriebszuständen an ihre Grenzen, etwa der Ratterneigung von nachgiebig aufgehängten Werkzeugen.

Eine Vorhersage solcher Grenzbereiche ist mit den in Kap. 5.4 entwickelten Zusammenhängen möglich. Der Anwender sollte sich allerdings bewußt sein, daß diese Berechnungen auf Modellbildungen beruhen, die von empirisch zu ermittelnden Konstanten und teilweise idealisierten Modellen abhängen und somit mehr zur Bereichsabschätzung als zur exakten Verlaufsbestimmung der Grenzlinie herangezogen werden sollten.

Zur Absicherung des Versuchsablaufs gegen Überschreitung einer vorherberechneten Grenzlinie ist daher eine zusätzliche, direkte Überwachung der kritischen Größe während des Zerspanversuchs erforderlich. Bei Erkennen eines kritischen Betriebszustands ist der Versuch sofort abzubrechen und eine neue Parametervorgabe zu erproben, bis stabilere Prozeßzustände erreicht sind. Die so erkannten Bereiche werden von der weiteren Betrachtung ausgeschlossen.

7   PRAKTISCHE ERPROBUNG

Anhand einer Bearbeitungsaufgabe aus dem Bereich der Schmuckbranche wird eine Verfahrensauswahl aufgrund der hergeleiteten Begriffe zur Prozeß- und Bearbeitungsqualität durchgeführt. Für ein ausgewähltes Verfahren wird anschließend die Optimierung der Zerspanparameter prototypisch erprobt.

7.1   Problemstellung

Die zu bearbeitenden Werkstücke sind im Wachsausschmelzverfahren gegossene Goldringe, die für das nachfolgende Gleitschleifen und Polieren vorgeschliffen werden müssen. Durch die Realisierung einer Roboterbearbeitungszelle sind folgende Schleifvorgänge zu automatisieren : Abschleifen des Angusses, Einebnen von Formteilungen und Entfernung der Gußhaut auf der gesamten Ringoberfläche mit Ausnahme des Ringkopfs, der durch die von Ring zu Ring unterschiedlichen Designelemente nicht automatisiert bearbeitbar ist. Die Ringe weisen Innendurchmesser von 16 bis 24 mm auf, die Abmessungen der Ringschiene variiert von 1,25 mm bis zu 6 mm.

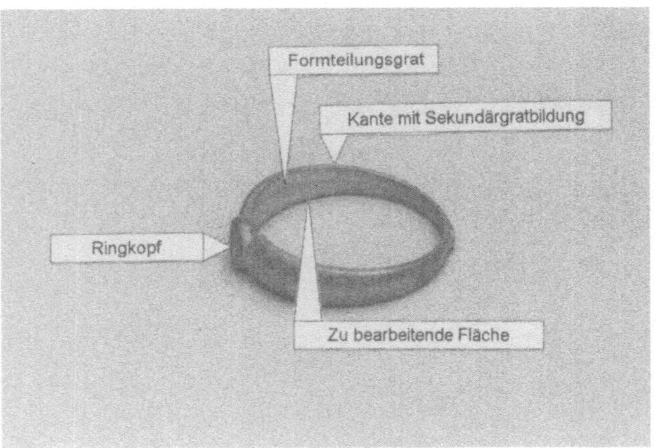

<u>Bild 54 :</u>   Bearbeitungsstellen des Goldrings

Bei Realisierung der Roboterzelle für die vollautomatische Ringbearbeitung erwies sich die Verfahrensauswahl für die Ringinnenseite als besonders kritisch, da an der Ringinnenseite ein Formteilungsgrat verläuft, der komplett abzutragen ist, ohne jedoch allzu tief in das Grundmaterial einzuschleifen, da sich ein Einschliff bei kleinen Ringen mit Steghöhen um 1,25 mm optisch stark negativ auf das Erscheinungsbild des Rings auswirkt. Zudem besteht beim Innenverschleifen die Neigung zur Sekundärgratbildung an der Trennlinie zwischen Ringinnenseite und Stirnfläche.

7.2 Versuchsaufbau

Die Versuche werden an einer Roboterschleifzelle für die Bearbeitung von Goldringen durchgeführt. Da die Bearbeitungsoperationen alle in einer Ebene durch Drehung um die Ringachse erfolgen können, wurde ein vierachsiger Horizontalknickarmroboter eingesetzt (Bosch SR 60, Steuerung IQ 140). Der Goldring wird in Werkstückhandhabung an verschiedenene stationär im Arbeitsraum installierte Schleifwerkzeuge geführt (Bild 55).

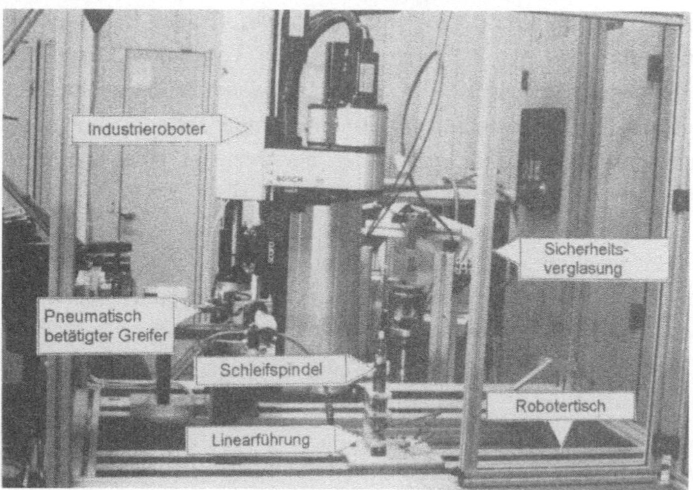

<u>Bild 55 :</u>   Aufbau der Schleifzelle

Für die Erprobung der Innenbearbeitung wurde eine Druckluftspindel (BIAX R3030, 240 W, 18 000 min $^{-1}$) installiert. Über ein Sortiment an Spannzangeneinsätzen können die zu untersuchenden Schleifwerkzeuge mit unterschiedlichen Schaftdurchmessern aufgenommen werden.

7.3   <u>**Bewertung und Auswahl des Bearbeitungsverfahrens**</u>

Aus den in Kap. 3 untersuchten Bearbeitungsverfahren wird eine Vorabauswahl hinsichtlich Zugänglichkeit an die Bearbeitungsstelle und zu erwartender Abtragsleistung getroffen. Als mögliche Verfahren eignen sich für das vorliegende Verfahren demnach :

      ⇒ Fräsen
      ⇒ Schleifen
      ⇒ Bürsten

Als Werkzeuge wurde für das Fräsen ein zylindrischer Hartmetallfräser (∅ 6 mm, Zahnung fein) eingesetzt. Zum Schleifen wurde ein zylindrischer, kunstharzgebundener Schleifstift (∅ 8 mm) verwendet, für das Bürsten eine Nylon-Aluoxid-Rohrbürste (∅ 6,6 mm). Um das Toleranzverhalten der Werkzeuge zu verbessern und den Programmieraufwand für die zahlreichen Innendurchmesser zu minimieren, wurde die Antriebsspindel auf eine Linearführung gesetzt. Ein Druckluftzylinder gewährleistet eine konstante Anpreßkraft zwischen Werkzeug und Werkstück.

In einer Portfolioanalyse wird für jedes Bearbeitungsverfahren für intuitiv gewählte Eingangsparameter (v=8 mm/s, F=1 N) durch Zerspanversuche die Prozeß- und Bearbeitungsqualität ermittelt. Schneiden hier Verfahren deutlich schlechter als ein konkurrierendes Verfahren ab, so können diese bereits hier ausgeschlossen werden.

Die ausgewählten Verfahren werden zur Ermittlung der Prozeßqualität hinsichtlich Abtragsleistung, Standzeit, Toleranzverhalten und Bearbeitungskräfte bewertet. Zur Erfassung der Bearbeitungsqualität wird mit den Gewichtungsfaktoren für ein Verfahren zur Oberflächenbearbeitung die Sekundärgratbildung an der Ringstirnseite, Oberflächenwelligkeit und Nivellierungsverhalten untersucht. Da der Ring anschließend gleitgeschliffen und poliert wird, wurde die Oberflächenrauheit nicht weiter bewertet. Die Ergebnisse zeigt Bild 56.

Qualitäts-kriterien / Verfahren	Fräsen	Schleifen	Bürsten
Abtragsverhalten	2,2	2,6	6,0
Standzeit	1,0	2,3	5,2
Toleranzverhalten	1,0	1,0	1,0
Reaktionskräfte	1,2	1,4	1,6
Resultierende Prozeßqualität	1,4	2,1	4,2
Sekundärgratausprägung	3,8	2,6	1,5
Oberflächenwelligkeit	2,5	2,1	1,0
Nivellierungsverhalten	5,1	3,4	5,6
Resultierende Bearbeitungsqualität	3,6	2,7	2,8

<u>Bild 56 :</u>   Ermittlung von Prozeß- und Bearbeitungsqualität für die konkurrierenden Verfahren

Zur Vorauswahl der Verfahren werden die hieraus resultierenden Prozeß- und Bearbeitungsqualitäten in einem Portfolio gegenübergestellt (Bild 57).

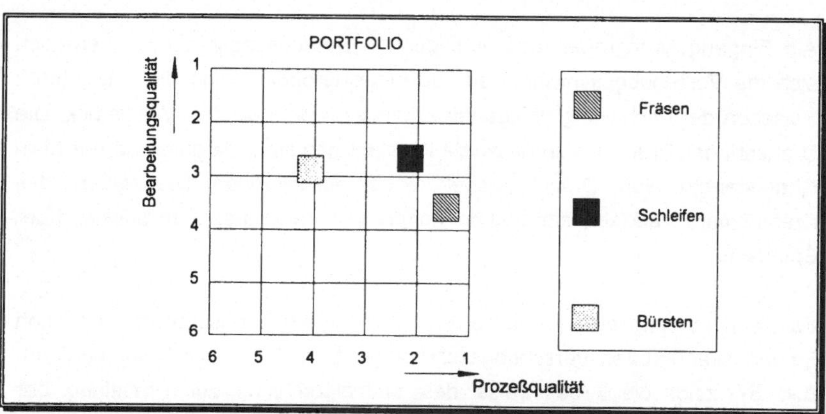

<u>Bild 57 :</u>   Portfolioanalyse der zu untersuchenden Verfahren

Aus dem Portfolio wird ersichtlich, daß beim Bürsten die Prozeßqualität aufgrund der niedrigen Standzeit und dem ungünstigen Abtragsverhalten eine schlechte Klassifizierung erhält. Beim Fräsen dagegen ist die Prozeßqualität deutlich besser, aufgrund der starken Oberflächenwelligkeit ist hier jedoch die Bearbeitungsqualität relativ schlecht. Das einzige Verfahren, das sowohl für die Prozeß- als auch die Bearbeitungsqualität gute Ergebnisse liefert, ist das Schleifen. Das Schleifen ist somit dem Fräsen und Bürsten in der Prozeß- und Bearbeitungsqualität so deutlich überlegen, daß diese Verfahren von der weiteren Untersuchung ausgeschlossen werden und nur für das Schleifen eine Zerspanparameteroptimierung durchgeführt wird.

7.4   Optimierung der Bearbeitungsqualität

Das Schleifen der Ringinnenseite wurde durch Anwendung des entwickelten Optimierungsverfahren auf die einzustellenden Zerspanparameter optimiert. Hierbei wird beispielhaft die Bearbeitungsqualität optimiert, da hier stärkere Verbesserungen als bei Optimierung der Prozeßqualität zu erwarten sind. Durch die nachgiebige Führung der Spindel ist beispielsweise konstant ein Toleranzverhalten der Klasse 1 erreicht, auch liegen die Bearbeitungskräfte deutlich unterhalb der Nutzlast des Industrieroboters (20 N). Ferner wurden bereits in dem Vorversuch gute Werte für Abtragsleistung und Standzeit erzielt.

Als Eingangskenngrößen des vorliegenden Bearbeitungsprozesses ergeben sich die Vorschubgeschwindigkeit des Industrieroboters und die Anpreßkraft zwischen der nachgiebig gelagerten Antriebsspindel und dem Werkstück. Die Drehzahl der Druckluftspindel wurde konstant gehalten, da aufgrund der M-n-Charakteristik von Druckluftantrieben bei absinkenden Drehzahlen das Drehmoment stark abnimmt und bei höheren Anpreßkräften zum Stillstand der Spindel führt.

Es wird somit eine Optimierung der Bearbeitungsqualität mit den Eingangskenngrößen Vorschubgeschwindigkeit und Anpreßkraft durchgeführt. Bild 57 zeigt die Arbeitsweise des Suchalgorithmus zur Ermittlung der Teiloptima der Bestimmungsgrößen für die Bearbeitungsqualität.

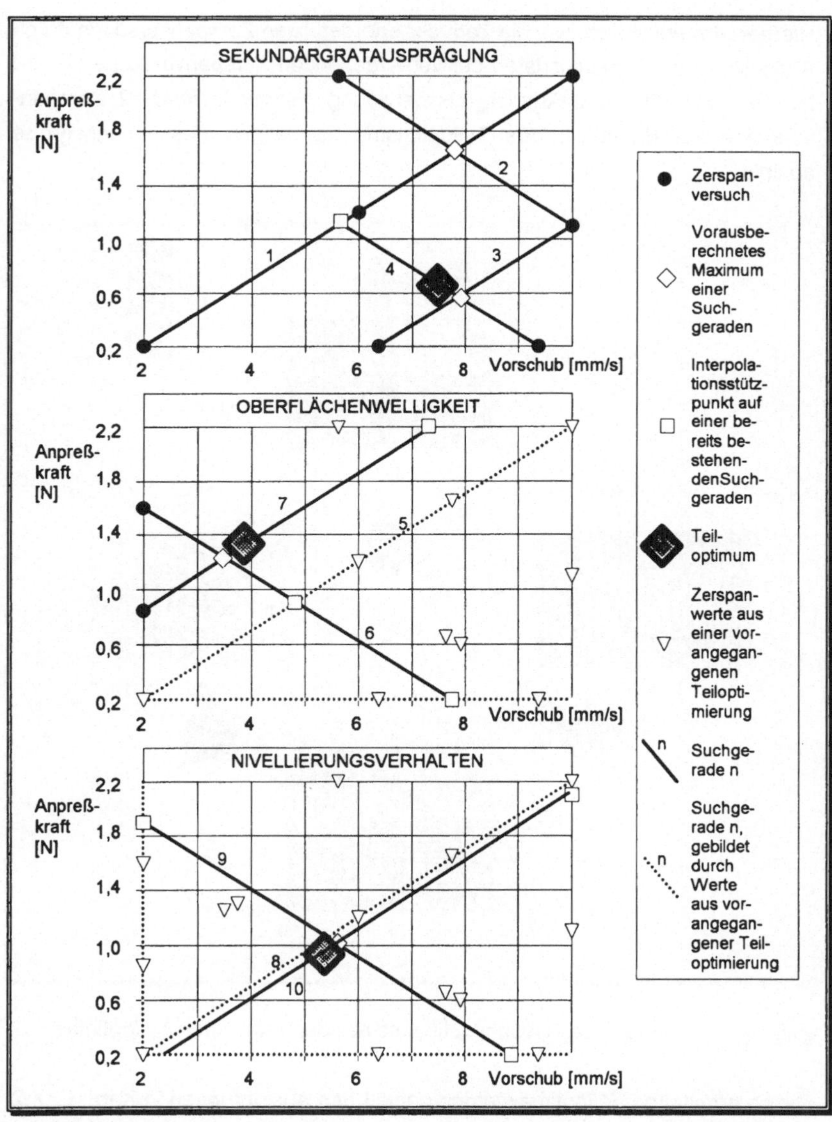

<u>Bild 58 :</u>   Verlauf der Suchgeraden bei Ermittlung der Teiloptima

Hierbei wird ersichtlich, wie die Zahl der erforderlichen Zerspanversuche durch Ausnutzung der Versuchsdaten der vorhergehenden Zerspanversuche von 10 bei Bestimmung der Sekundärgratsausbildung bis auf lediglich 2 Zerspanversuche bei Ermittlung des Teiloptimums der letzten Bestimmungsgröße absinkt.

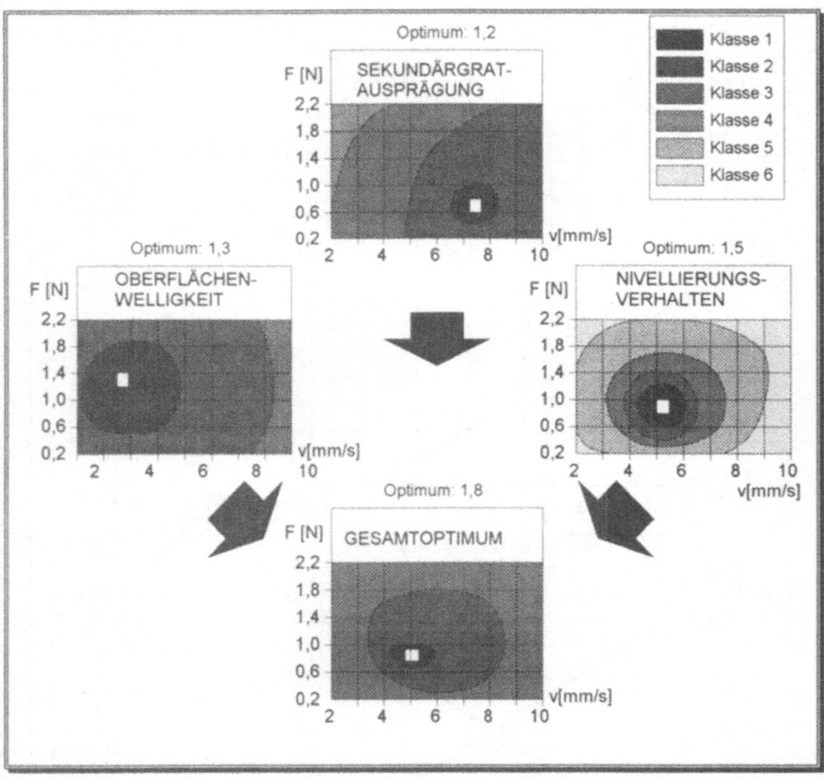

<u>Bild 59 :</u>   Bildung des Gesamtoptimums aus den ermittelten Teiloptimas

Die so ermittelten Teiloptima werden gemäß den Ausführungen in Kap. 6.2.1.2 bewertet. Für alle drei Zielgrößen werden aufgrund der beiden zuletzt interpolierten Suchgeraden in das Suchgeradendiagramm Linien mit konstantem Betrag der Zielgröße aufgetragen. Diese Linien konstanter Klassen

werden durch Gewichtung gemäß Kap. 4.1.3 zur Bildung der Bearbeitungsqualität Q_B zusammengefaßt (Bild 59).

Durch die hohe Gewichtung der Oberflächenwelligkeit und des
Nivellierungsverhaltens beim Oberflächenschleifen ist die Lage dieser
Teiloptima für die Güte von Q_B von Bedeutung. Da die beiden Teiloptimas
jedoch nicht deckungsgleich im Kennlinienfeld liegen, kann die hieraus
resultierende Bearbeitungsqualität durch die gegenseitige Abschwächung nicht
die Klassifikationsstufe wie die einzelnen Teiloptima erzielen. Die maximal
erzielbare Bearbeitungsqualität für den betrachteten Bearbeitungsprozeß liegt
somit bei Klasse 1,8.

7.5   <u>Vergleich zwischen manueller und automatischer Optimierung</u>

Um die Aufwandsreduzierung zwischen der automatischen und manuell
durchgeführten Zerspanparametereinstellung zu quantifizieren, wurde die
Parameterermittlung durch zwei Versuchspersonen vorgenommen, die zwar
Robotererfahrung besitzen, jedoch keine weiterreichenden Kenntnisse der
Bearbeitungstechnik selbst. Die Vorgehensweise zur Optimierung der
Bearbeitungsqualität wurde beiden Versuchspersonen freigestellt.

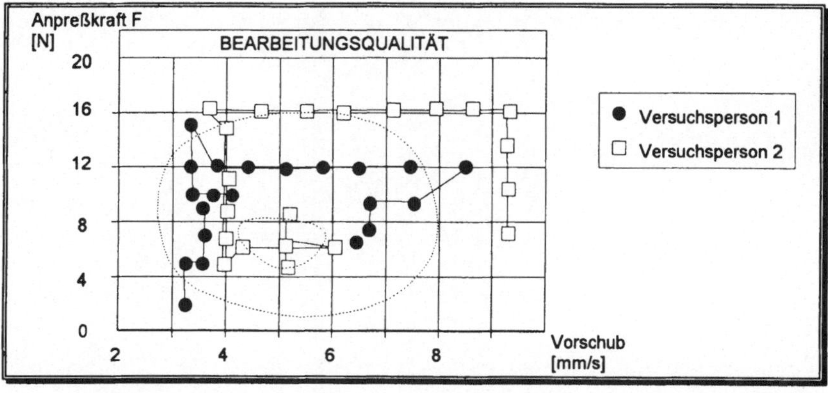

<u>Bild 60 :</u>   Verlauf der Suchgeraden bei manueller Ermittlung der Teiloptima

Beide Versuchspersonen führten jedoch keine Optimierung auf die Teilgrößen durch, sondern optimierten direkt die Bearbeitungsqualität (Bild 60). Bei der Auswertung fiel auf, daß beide Personen relativ schnell Parametereinstellungen erzielten, bei denen Bearbeitungsqualitäten im Bereich von Klasse 2,5 erzielt wurden. Versuchsperson 1 konnte dann jedoch keine weitere wesentliche Verbesserung mehr erzielen, Versuchsperson 2 dagegen konnte Werte im Bereich des Optimums ermitteln, allerdings erst nach relativ vielen Versuchen. So benötigte Person 1 insgesamt 21 Suchschritte, Person 2 führte 28 Suchschritte aus. Das Optimierungsverfahren dagegen kann bereits nach 15 Schritten die Lage des Optimums festlegen und ermittelt nicht nur die Lage des Optimums selbst, sondern zusätzlich den Verlauf der Bearbeitungsqualität im Bereich um das Optimum. Somit kann zusätzlich die Stabilität der Bearbeitungsqualität unter industriellen Bedingungen, wenn Schwankungen der eingestellten Parameter auftreten, besser bewertet werden.

Die meisten Bearbeitungsoperationen, insbesondere das Gußputzen und Entgraten, sind gesundheitsbelastende Tätigkeiten, die durch Staub, Lärm, hohe körperliche Belastungen und Monotonie gekennzeichnet sind. Wie bei nur wenigen anderen Applikationen wäre schon aus Humanisierungsaspekten eine verstärkte Automatisierung erstrebenswert. Wegen der oftmals komplexen Konturverläufe und den zu beachtenden Toleranzen im Werkstück und den Gratabmessungen bietet nur der Industrieroboter die notwendigen technischen Voraussetzungen für eine Automatisierungslösung. Dennoch sind die Einsatzzahlen für das Bearbeiten mit dem Industrieroboter im Vergleich zu anderen Applikationen vergleichsweise niedrig.

Durch eine Anwenderbefragung wurden die vorliegenden Einsatzhemmnisse näher beleuchtet. Hierbei zeigte sich, daß die Ursachen nicht in der fehlenden Verfügbarkeit technischer Lösungen wie spezielle Werkzeuge oder fehlende Funktionen in der Robotersteuerungen liegen, sondern vielmehr in der aufwendigen Programmerstellung und insbesondere in einer langwierigen Inbetriebnahmephase der Applikation. Der Grund für die lange Anlaufdauer liegt weniger an fehlendem Know-How im Bereich der Robotertechnik selbst, sondern in der Bearbeitungstechnik und ihre Adaption an den Industrieroboter. Durch ungeeignete Bearbeitungsverfahren und falsch eingestellte Zerspanparameter wird die gesamte Applikation durch unbefriedigende Bearbeitungsergebnisse oftmals in Frage gestellt.

Um ein Bearbeitungsverfahren nach seiner Eignung für den Industrierobotereinsatz beurteilen zu können, wurde der Begriff der Prozeßqualität festgelegt, der durch Abtragsverhalten, Standzeit, auftretende Bearbeitungskräfte sowie Anfälligkeit des Verfahrens gegen Bahnabweichungen des Industrieroboters oder Toleranzen charakterisiert wird. Zur Bewertung des resultierenden Bearbeitungsergebnisses wurde der Begriff der Bearbeitungsqualität gebildet. Es wurde gezeigt, daß durch eine applikationsabhängige Gewichtung der Bestimmungsgrößen Sekundärgratausprägung, Oberflächenwelligkeit,

Oberflächenrauhigkeit und Nivellierungsverhalten das Bearbeitungsergebnis objektiv bewertbar ist. Durch eine Klassifizierung können so konkurrierende Verfahren hinsichtlich des Bearbeitungsergebnisses und ihrer prinzipiellen Eignung als Bearbeitungsapplikation mit dem Industrieroboter bewertet werden.

Für das Bearbeiten mit dem Industrieroboter existieren nur wenige Datenbestände, die den Anwender bei der Verfahrensauswahl und -optimierung unterstützen. Basierend auf den festgelegten Begriffen zur Prozeß- und Bearbeitungsqualität wurde zur systematischen Erfassung verfahrensspezifischer Kenndaten der Aufbau einer Zerspandatenbank für das Bearbeiten mit dem Industrieroboter festgelegt. Zur Erfassung dieser Kenndaten wurde ein Verfahrensprüfstand konzipiert, der durch einen automatisierten Versuchsablauf den Bediener bei der Datenerfassung weitgehend entlastet. Hierbei wurde gezeigt, daß ein solcher Prüfstand mit marktgängigen Hardwarekomponenten realisierbar ist und baukastenartig in eine bestehende Anlage integriert werden kann.

Neben der Datenbankerstellung liegt der Haupteinsatzbereich des Verfahrensprüfstands in der Optimierung von Bearbeitungsverfahren durch gezielte Variation der Zerspanparameter und Bewertung der resultierenden Prozeß- und Bearbeitungsqualität. Die Optimierungsstrategie basiert auf einem Suchalgorithmus, der an die spezifischen Randbedingungen beim Bearbeiten mit dem Industrieroboter angepaßt ist. Das Optimierungsverfahren wurde so ausgelegt, daß ein zeitoptimaler Versuchsablauf gewährleistet ist bei gleichzeitiger Berücksichtigung kritischer Bereiche wie Ratterneigung, thermische Grenzlinien oder die Überschreitung von maximal zulässigen Bearbeitungskräften.

Zur Vorhersage des Ratterverhaltens während der Zerspanparameteroptimierung wurde hierzu ein vereinfachtes Modell entwickelt, das fremderregte Schwingungen beschreibt, die durch Werkzeugunwuchten und Zahneingriffsstöße verursacht werden. Modellungenauigkeiten werden zwar durch den Zerspanversuch erkannt, verzögern jedoch den Versuchsablauf unnötig. Die in

Zukunft zu erwartenden neuen Erkenntnisse zu Ratternschwingungen beim Bearbeiten mit dem Industrieroboter könnten hier zu einer Präzisierung des Modells eingebunden werden.

Zum Nachweis der Leistungsfähigkeit des Verfahrens wurde an einer Schleifzelle mit einer Applikation aus der Schmuckindustrie die Optimierungsstrategie mit der manuell durchgeführten Zerspanparametereinstellung verglichen. Es zeigte sich, daß das Optimierungsverfahren hinsichtlich Versuchsaufwand, erzielbarer Bearbeitungsqualität und Beschreibung des optimalen Bereichs dem Handoptimieren deutlich überlegen ist.

Der Einsatz des Verfahrensprüfstandes soll durch seinen modularen Aufbau sowohl den Erstanwender als auch Verfahrensentwickler bei Verfahrensauswahl und -optimierung unterstützen. Für Bearbeitungsapplikationen wird so die Bewertung und Auswahl konkurrierender Bearbeitungsverfahren beschleunigt. Durch das Anlegen eigener Zerspantabellen können insbesondere Systemhäuser bereits erprobte Bearbeitungsverfahren schneller und effektiver beim Kunden umsetzen. Die Zerspandaten sind durch eigene Versuche abgesichert und erhöhen somit die Kompetenz des Systemhauses.

Langfristig ist der Aufbau von zentralen Zerspandatenbanken für das Bearbeiten mit dem Industrieroboter denkbar, wie sie bereits für Werkzeugmaschinen existieren. Somit wäre auch für den Erstanwender die Möglichkeit des direkten Zugriffs auf verfahrensspezifische Zerspanparameter geschaffen.

9   <u>**SCHRIFTTUM**</u>

1   Schweizer, M.:   Kleine Flaute festgestellt. In : Roboter (Mai 1992).
10 (1992) Nr. 3, S. 30-33.

2   Riege, W.:   Internationaler Stand des Einsatzes von frei programmierbaren Handhabungsgeräten und Robotern in Gießereien. In : Gießerei 75 (1988) Nr. 6,
S. 143-148.

3   Grube, G.:   Schliff vom Forscherteam. In : Roboter 9 (1991)
Nr. 6, S. 48-52.

4   Norm   VDI-Richtlinie 2860 05.90:
Handhabungsfunktionen,
Handhabungseinrichtungen, Begriffe, Definitionen, Symbole.

5   Norm   VDI-Richtlinie 2861 Blatt 2 05.88:
Kenngrößen für Handhabungseinrichtungen -
Einsatzspezifische Kenngrößen.

6   Warnecke, H.J.;
Schraft, R.D.:   Industrieroboter-Katalog 91. Mainz: Vereinigte
Fachverlage, 1991.

7   Sturz, W.:   Werkstückorientierte Verfahrensauswahl zum
Gußputzen mit Industrierobotern. Berlin u.a.:
Springer, 1986. Zugl. Stuttgart, Universität, Diss.,
1985.

8   Norm   DIN 8580 E 07.85:
                             Fertigungsverfahren, Begriffe - Einteilung.

9   Gäng, L.;   Systematik zur optimalen Auswahl geeigneter
     Wagner, T.:   Entgratanlagen.
                             In: Maschinenmarkt 83 (1977) Nr. 40, S. 785-789.

10   Brunhuber, E.:   Gießerei-Lexikon.
                             Berlin: Fachverlag Schiele & Schön, 1983.

11   Wurst, K.-H. :   Oberflächenschleifen mit Hilfe von
                             Industrierobotern.
                             In: Werkstattechnik 72 (1982) Nr. 12, S. 693-696.

12   Kluge, P.:   Entgraten von Faserverbundwerkstoffen mit
                             Industrieroboter.
                             In: Montage, Handhabung, Industrieroboter: Inter-
                             nationaler MHI Kongress, Hannover Messe 1985.
                             Berlin : Springer, 1985, S. 225-232.

13   Schäfer, F.:   Entgraten. Theorie, Verfahren, Anlagen.
                             Mainz: Krausskopf, 1975.

14   Graf, T.:   Robotic Deburring and Finishing, Methods and
                             Applications.
                             In: Robots 14, Conference Proceedings Nov 12-
                             15. Dearborn: Society of Manufacturing Engi-
                             neers, 1990, S.3/1-3/17.

15   Koivo, H.N.;   Issues in Force Feedback Control of Industrial
     Kankaanranta, R.:   Robots.
                             In: Proceedings of the 20th International Sympo-

sium on Industrial Robots, Oct. 4-6, 1989, Tokyo,
Japan, 1989, S. 1125-1132.

16 N.N.   C. & E. FEIN Gmbh & Co.: Flexible Automation
                            mit FEIN-Wechselvorrichtungen und Roboter-
                            werkzeugen. Stuttgart, 1990.

17 N.N.   Schmid & Wezel GmbH & Co Maschinenfabrik:
                            Druckluftwerkzeuge. Maulbronn, 1993.

18 Becker, H.;   Technologiefunktionen bringen Roboter-
    Remberg, R.:   einsatz weiter voran.
                            In: Energie und Automation (1987), Nr. 5,
                            S. 14-16.

19 Frankenhauser, B.:   Montage von Schläuchen mit Industrierobotern.
                            Berlin u.a.: Springer, 1988. Zugl. Stuttgart,
                            Universität, Diss., 1988.

20 Schlaich, G.:   Kabelbaummontage mit Industrierobotern. Berlin
                            u.a.: Springer, 1988. Zugl. Stuttgart, Universität,
                            Diss., 1988.

21 Schweigert, U.:   Toleranzausgleichsysteme für Industrieroboter am
                            Beispiel des feinwerktechnischen Bolzen-Loch-
                            Problems. Berlin u.a.: Springer, 1992. Zugl.
                            Stuttgart, Universität, Diss., 1991.

22 Schiele, G.:   Entwicklung eines Meßverfahrens zur Bestim-
                            mung des Positionier- und Orientierungsver-
                            haltens von Industrierobotern. Berlin u.a.:

Springer, 1987. Zugl. Stuttgart, Universität, Diss.,
1987.

23   Gerstmann, U.:   Robotergenauigkeit - Der Einfluß der Getriebe-
                            steifigkeit auf die Arbeits- und Positioniergenau-
                            igkeit. Düsseldorf, VDI-Verlag, 1991. Zugl. Han-
                            nover, Technische Universität, Diss., 1991.

24   N.N.   Machining Data Handbook. Machinability Data
                            Center. Cincinnati, Ohio, 1972.

25   N.N.   EURONET, das europäische on-line-Informations-
                            netz. Kommission der EG, Generaldirektion XIII.
                            Luxemburg, 1976.

26   Spira, K.:   Automatisierte Erstellung und Prüfung von
                            Zerspaninformationen. Aachen, RWTH,
                            Diss., 1978.

27   König; W.:   Expertensystem Grindex.
                            In: VDI-Z 132 (1990) Nr. 9, S. 95-109.

28   Gillespie, L. K.:   Robotic Deburring Handbook.
                            Dearborn, Michigan: Society of Manufacturing
                            Engineers, 1987.

29   N.N.   Gezieltes Entgraten - Robotergestütztes Finishing
                            in der Teilefertigung. In : Roboter 9 (1991) Nr. 1,
                            S. 52-53.

30 Schulz, M.: Beitrag zum Einsatz von Industrierobotern beim Entgraten von Aluminiumguß. Dortmund, Universität, Diss., 1988.

31 Finke, R.: Berechnung des dynamischen Verhaltens von Werkzeugmaschinen. Aachen, RWTH, Diss., 1977.

32 Peters, K.: Ein Beitrag zur Berechnung und Kompensation von Positionierfehlern an Industrierobotern. Karlsruhe, Universität, Diss., 1985.

33 Kim, M. S.: Entwicklung eines Parameteridentifikationsverfahren zur Erhöhung der absoluten Positioniergenauigkeit von Industrierobotern. München, Wien: Hanser, 1987.

34 Hermann, G.: Analyse von Handhabungsvorgängen im Hinblick auf deren Anforderungen an programmierbare Handhabungsgeräte (PHG) in der Teilefertigung. Stuttgart, Universität, Diss., 1976.

35 N.N. Automatisches Entgraten mit dem Industrieroboter. Landsberg/Lech: Verlag Moderne Industrie, 1988.

36 Föhn, S. Präzises Entgraten - Gesamtentgratung von Kleinteilen. In : Roboter 8 (1990) Nr. 2, S. 42-44.

37 N.N. Roboter handhaben Werkzeuge - Automatischer Werkzeugwechsel. In : Industrie-Anzeiger 110 (1988) Nr. 68, S.10-11.

38   N.N.   Automatic System for Trimming of Die-cast
                                 Aluminium Products.
                                 In: The Specifications and Applications of Indus-
                                 trial Robots in Japan - Manufacturing Fields.
                                 Tokyo: Japanese Industrial Robotic Association,
                                 1990, S.708-709.

39   Terwissen, B.:   Grundsatzuntersuchungen zum Einsatz von
                                 Industrierobotern in der Fertigungsmeßtechnik. -
                                 Möglichkeiten und Grenzen. Aachen, RWTH,
                                 Diss., 1988.

40   Blum, G.:   Messen und Prüfen mit Roboter und
                                 Laserscanner.
                                 In: Industrieanzeiger 110 (1988) Nr.66, S. 26-27.

41   Hirzinger, G.:   Eine neue Generation von Robotersensoren und
                                 ihre Integration in sensorgeführte Robotersysteme.
                                 In: 4. Kommtech, Essen, 1987, S. 2.5.1 - S. 2.5.18.

42   Beier, H.M.:   Industrielles Entgraten : Theorie, Praxis,
                                 Probleme, Lösungen. Berlin: Verlag Technik,
                                 1990.

43   Abele, E.:   Gußputzen mit sensorgeführten, programmier-
                                 baren Handhabungsgeräten. Berlin u.a.: Springer,
                                 1983. Zugl. Stuttgart, Universität, Diss., 1983.

44   Masing, W.:   Handbuch der Qualitätssicherung. München u.a.:
                                 Hanser, 1988.

45 Norm   DIN 4760 06.82:
                                Gestaltsabweichungen.

46 Norm   DIN 6583 09.81:
                                Begriffe der Zerspantechnik; Standbegriffe.

47 Diess, H.:   Vektoroptimierung - ergänzende Verfahren zur
                                Optimierung von Fertigungsprozessen.
                                In: Zeitschrift für wirtschaftliche Fertigung und
                                Automatisierung 87 (1992) Nr. 2, S.112-115.

48 Flecher, R.:   Practical Methods of Optimization. Vol 1, 2.
                                Chichester: Wiley, 1980.

49 Ambos, E.;   Brechfräsen - ein rationeller Weg zum Entgraten
    u.a.:   von Gußstücken.
                                In: Gießerei 78 (1991) Nr. 1, S. 26-30.

50 Tobias, T.:   Schwingungen an Werkzeugmaschinen.
                                München: Carl Hanser, 1976.

51 Weck, M,   Dynamisches Verhalten spanender Werkzeug-
    Teipel, K.:   maschinen. Einflußgrößen,
                                Beurteilungsverfahren, Meßtechnik. Berlin u.a.:
                                Springer-Verlag, 1977.

52 Marguerre, K.;   Technische Schwingungslehre. Zürich:
    Wölfel, H.:   Bibliographisches Institut, 1979.

53 Bronstein, I.N.;   Taschenbuch der Mathematik, Zürich u.a.
    Semendjajew, K.A.:   Verlag Harri Deutsch, S. 517-518, 1976.

IPA Forschung und Praxis
Schriftenreihe aus dem Institut für Produktionstechnik und Automatisierung, Stuttgart

Herausgeber: Prof. Dr.-Ing. H. J. Warnecke

Datenerfassung im Produktionsbereich
Von E. Bendeich. ISBN 3-7830-0117-8.
1977, 176 Seiten, kartoniert.   54,— DM

Methodenauswahl für die Materialbewirtschaftung in Maschinenbau-Betrieben
Von H. Graf. ISBN 3-7830-0136-6.
1977, 144 Seiten, kartoniert.   54,— DM

Systematische Auswahl von Förderhilfsmitteln für den innerbetrieblichen Materialfluß
Von W. Rau. ISBN 3-7830-0139-0.
1977, 103 Seiten, kartoniert.   40,— DM

Grundlagen zur Planung von Ersatzteilfertigungen
Von E. Schulz. ISBN 3-7830-0138-2.
1977, 98 Seiten, kartoniert.   40,— DM

Rechnerunterstützte Fabrikplanung
Von B. Minten. ISBN 3-7830-0116-1.
1977, 124 Seiten, kartoniert.   38,— DM

Eine Planungsmethode für automatische Montagesysteme
Von H.-G. Löhr. ISBN 3-7830-0120-X.
1977, 108 Seiten, kartoniert.   32,— DM

Planung und Bewertung von Arbeitssystemen in der Montage
Von H. Metzger. ISBN 3-7830-0131-5.
1977, 108 Seiten, kartoniert.   40,— DM

Klassifizierungssystem für Prüfmittel der industriellen Längenprüftechnik
Von R. Czetto. ISBN 3-7830-0144-7.
1978, 181 Seiten, kartoniert.   64,— DM

Rechnerunterstützte Montageplanung
Von O. Hirschbach. ISBN 3-7830-0149-8.
1978, 146 Seiten, kartoniert.   52,— DM

Rechnerunterstützte Entwicklung von Simulationsmodellen für Unternehmensplanspiele
Von A. Moker. ISBN 3-7830-0147-1.
1978, 181 Seiten, kartoniert.   64,— DM

Arbeitsplatzanalysen zur Ermittlung der Einsatzmöglichkeiten und Anforderungen an Industrieroboter
Von G. Herrmann. ISBN 37830-0151-X.
1978, 113 Seiten, kartoniert.   40,— DM

MFSP — Ein Verfahren zur Simulation komplexer Materialflußsysteme
Von G. Stemmer. ISBN 3-7830-0118-8.
1977, 140 Seiten, kartoniert.   60,— DM

Berührungslose Erkennung durch Positionsbestimmung von Objekten durch inkohärent-optische Korrelation
Von M. König. ISBN 3-7830-0137-4.
1977, 110 Seiten, kartoniert.   40,— DM

Auslegung von Störungspuffern in kapitalintensiven Fertigungslinien
Von R. v. Stetten. ISBN 3-7830-0140-4.
1977, 154 Seiten, kartoniert.   56,— DM

Flexible Transportablaufsteuerung
Von G. Römer. ISBN 3-7830-0114-5.
1977, 188 Seiten, kartoniert.   60,— DM

Rechnergestützte Realplanung von Fabrikanlagen
Von T.-K. Sauter. ISBN 3-7830-0119-6.
1977, 108 Seiten, kartoniert.   32,— DM

Systematisches Auswählen und Konzipieren von programmierbaren Handhabungsgeräten
Von R. D. Schraft. ISBN 3-7830-0115-3.
1977, 108 Seiten, kartoniert.   32,— DM

Auslandsproduktion
Von W. Cypris. ISBN 3-7830-0145-5.
1978, 126 Seiten, kartoniert.   42,— DM

Wirtschaftlicher Einsatz von Mehrkoordinatenmeßgeräten
Von M. Dietzsch. ISBN 3-7830-0148-X.
1978, 142 Seiten, kartoniert.   52,— DM

Fertigungssteuerung bei flexiblen Arbeitsstrukturen
Von K.-G. Lederer. ISBN 3-7830-0146-3.
1978, 128 Seiten, kartoniert.   42,— DM

Untersuchungen zum Polieren und Entgraten durch elektrochemisches Oberflächenabtragen
Von K. Zerweck. ISBN 3-7830-0150-1.
1978, 110 Seiten, kartoniert.   40,— DM

Stufenweise Ableitung eines praktischen Planungssystems für den Entwicklungsbereich
Von R. Hichert. ISBN 3-7830-0149-8.
1978, 151 Seiten, kartoniert.　　　　　52.— DM

Produktionsplanung mit Auftragsfamilien
Von U. W. Geitner. ISBN 3-7830-0161.7.
1979, 110 Seiten, kartoniert.　　　　　45.— DM

Thermisch-chemisches Entgraten
Von T. Wagner. ISBN 3-7830-0164-1.
1979, 111 Seiten, kartoniert.　　　　　45.— DM

Untersuchung der Materialflußkosten bei ausgewählten Systemen der Zentralen Arbeitsverteilung
Von R. Wenzel. ISBN 3-7830-0162-5.
1979, 168 Seiten, kartoniert.　　　　　86.— DM

Anpassung und Einführung eines Planungssystems für die Ablaufplanung im Konstruktionsbereich
Von W. Dangelmaier. ISBN 3-7830-0163-3.
1979, 168 Seiten, kartoniert.　　　　　80.— DM

Längenmessungen an bewegten Teilen mit berührungslos wirkenden Aufnehmern
Von H. Lang. ISBN 3-7830-0157-9.
1979, 89 Seiten, kartoniert.　　　　　42.— DM

Untersuchung multistabiler Strömungselemente und ihr Einsatz in sequentiellen Steuerungen
Von A. Ernst. ISBN 3-7830-0157-9.
1979, 122 Seiten, kartoniert.　　　　　48.— DM

Taktile Sensoren für programmierbare Handhabungsgeräte
Von M. Schweizer. ISBN 3-7830-0158-7.
1979, 91 Seiten, kartoniert.　　　　　42.— DM

Die rechnerunterstützte Prüfplanung
Von P. Blasing. ISBN 3-7830-0152-8.
1979, 100 Seiten, kartoniert.　　　　　44.— DM

Verfahren zur Fabrikplanung im Mensch-Rechner-Dialog am Bildschirm
Von W. Ernst. ISBN 3-7830-0156-0.
1979, 218 Seiten, kartoniert.　　　　　72.— DM

Rechnerunterstütztes Verfahren zur Leistungsabstimmung von Mehrmodell-Montagesystemen
Von M. Gorke. ISBN 3-7830-0155-2.
1979, 139 Seiten, kartoniert.　　　　　50.— DM

Standortbezogene Betriebsmittel
Von G. Pflieger. ISBN 3-7830-0167-6.
1979, 127 Seiten, kartoniert.　　　　　52.— DM

Die betriebswirtschaftliche Beurteilung neuer Arbeitsformen
Von B.-H. Zippe. ISBN 3-7830-0168-4.
1979, 350 Seiten, kartoniert.　　　　　98.— DM

Untersuchung des Arbeitsverhaltens programmierbarer Handhabungsgeräte
Von B. Brodbeck. ISBN 3-7830-0169-2.
1979, 117 Seiten, kartoniert.　　　　　48.— DM

Untersuchung eines kohärent-optischen Verfahrens zur Rauheitsmessung
Von N. Rau. ISBN 3-7830-0174-9.
1979, 117 Seiten, kartoniert　　　　　48.— DM

Entwicklung einer programmierbaren, pneumatischen Steuerung
Von D. Klemenz. ISBN 3-7830-0171-4.
1979, 93 Seiten, kartoniert.　　　　　42.— DM

IPA Forschung und Praxis

Berichte aus dem Fraunhofer-Institut für Produktionstechnik und Automatisierung, Stuttgart, und dem Institut für Industrielle Fertigung und Fabrikbetrieb der Universität Stuttgart

Herausgeber: Prof. Dr.-Ing. H. J. Warnecke

IPA-IAO Forschung und Praxis

Berichte aus dem Fraunhofer-Institut für Produktionstechnik und Automatisierung (IPA), Stuttgart, Fraunhofer-Institut für Arbeitswirtschaft und Organisation (IAO), Stuttgart, und Institut für Industrielle Fertigung und Fabrikbetrieb der Universität Stuttgart

Herausgeber: Prof. Dr.-Ing. H. J. Warnecke und Prof. Dr.-Ing. H.-J. Bullinger

---